改出好户型

破局

理想·宅 编著

中国轻工业出版社

图书在版编目（CIP）数据

破局：改出好户型 / 理想 · 宅编著 . — 北京：中国
轻工业出版社，2019.11

ISBN 978-7-5184-2720-8

Ⅰ.①破… Ⅱ.①理… Ⅲ.①住宅—室内装饰设计
Ⅳ.① TU241

中国版本图书馆 CIP 数据核字（2019）第 240819 号

责任编辑：巴丽华　　　　责任终审：张乃东　　　责任监印：张京华
封面设计：奇文云海　　　版式设计：奇文云海

出版发行：中国轻工业出版社（北京东长安街 6 号，邮编：100740）
印　　刷：北京博海升彩色印刷有限公司
经　　销：各地新华书店
版　　次：2019 年 11 月第 1 版第 1 次印刷
开　　本：710×1000　1/16　印张：12.5
字　　数：200 千字
书　　号：ISBN 978-7-5184-2720-8　定价：68.00 元
邮购电话：010-65241695
发行电话：010-85119835　传真：010-85113293
网　　址：http://www.chlip.com.cn
Email：club@chlip.com.cn
如发现图书残缺请与我社邮购部联系调换
190539S5X101ZBW

改造，追求一种更好的生活方式

"改造"在词典之中的解释有两种，一是修改或变更原有事物，使其适合需要；二是从根本上改变旧的、建立新的，使之适合新的形势和需要。不管是哪种解释，"改造"总是离不开一个关键词"适合"。生活中我们总是能看到各种各样的改造，类似"平凡女孩大改造变身""旧物创意改造""品牌升级改造"等标题充斥着我们的眼球，这些形形色色的改造，实际上都只有一个目的，将原本不合适的变成合适的，甚至是更好的东西。

基于这样一个美好的信仰，很多人将目光投向了房屋的改造。在中国人的传统观念之中，家与房屋往往是有着密切的关联，"家"首先是一个房屋，房屋里有人，人与人之间有爱，有此三者才构成一个完整的家。所以当电视上、网络上有关房屋改造的节目不断受到热捧时，其背后是大家对理想之家的热切渴求。当我们拥有了自己的房子、拥有了自己的家时，我们更渴望的是随着房子、随着家一起到来的美好生活。绝大多数的我们都是平凡而又普通的存在，没有万贯家财，也没有至高权力，于每个平凡的我们而言，那些温暖而幸福的生活点滴才是生存的意义，而这些小小的、美好的点滴都在我们的房子里、我们的家里才能被储存。

因此，当我们的家、我们的房子出现了让人感觉不舒服的地方时，不要总是妥协、将就，否则久而久之它就会变成一种遗憾，变成我们平淡生活中的一根刺，把我们美好的记忆泡泡戳破，将我们的家变成冰冷且毫无感情的住所。所以，和其他所有的改造一样，当我们将不合适的房子一步一步地改造成合适的理想之家时，我们不光是收获了一个充满幸福与快乐的居所，更是展现了积极向上、追求美好生活的人生态度。

但光拥有想改造的决心和信念也是远远不够的，我们还需要一些经验与技巧，它们能帮助我们避开弯路，更好更快地达到目的。而在这本书中，我们就可以得到很多有关房子改造的经验知识，不同于填鸭式的说教，本书中更多的是去展现改造的不同经验和技巧，为我们拓宽改造的思路，让我们能随心所欲，去营造最适合自己的家。

目 录

Chapter 1

现象："将就"的家居环境带不来"讲究"的生活

Chapter 2

案例：不破不立，理想的家是折腾出来的

Chapter 3

秘诀：以不变应万变的
家居"驻颜"妙招

Chapter 1

现象："将就"的家居环境带不来"讲究"的生活

家是港湾，
是一天疲惫身心的舒缓地。
干净、明亮的家居环境，
能够从侧面反映出个人的品位与修养。
若每天睁眼看见的是
昏暗、老旧、凌乱的家，
一定会影响生活的质量与心情。
与其怨天尤人，
感叹过得不够精彩，
不如抛弃掉将就的生活态度，
动起手来改造自己的小家，
让讲究的生活如影随形。

需要"变身"的若干种家居情况

　　生活中每一天都不相同，我们也会随着时间的变化而对居住环境产生不同需求，也许两室的房子会随着宝宝的出生而显得拥挤；也许十年前还是潮流的背景墙，如今却土得掉渣儿；也许你早已厌倦了没有阳光照射的卧室，或是对家中狭长的过道无力吐槽……当你面对这些不如意的生活场景时，一味将就只能带来"不讲究"的生活，若拿出决心进行改造，家就会有耳目一新的大变身。

1. 户型本身有缺陷

家里有面墙竟然是斜的，怎么设计都不好利用

Q 小姐

当初预算有限，又为了能够搭上买房限购之前的末班车，草草买了一套二手房。房子地理位置、小区环境都不错，可美中不足的是有一面墙竟然是斜的，强迫症患者看着很闹心，不知道该怎么利用才最有效。

厨房太小，转身都困难，想当优雅主妇是不可能的

Q 小姐

一直对烹饪怀有极高的兴趣，想把美食做给在意的人吃。但婚后买了新房发现，想要实现大厨房的梦想破碎了，因为厨房面积只有 4 平方米，各种小家电无处藏身，更别说放下双开门的大冰箱了。

空荡荡的大开间，如何分区让我犯了难

Q 小姐

工作 5 年，自食其力买了一个小公寓。但只有 40 多平方米的面积实在难以满足我休息、会客、工作的多方面需求。面对着空空荡荡的大开间，如何布局却无从下手。

设计师 30 秒解读居住问题

这几位朋友遇到的问题，实际上属于 **"户型本身有缺陷"**。这些户型或者是某一空间的面积过小，无法满足用户需求；或者是户型本身不规则，畸零角落难利用；或者是没有明确的分区，各功能空间难安置……如果家中存在此类问题，往往须经过重新装修、重新布局才能最终改善。如果你家也存在类似问题，请到本书的 p26~p55 来寻求破解灵感。

发送

2. 家居动线不顺畅

Q 小姐

每次穿过我家走道，都以为要穿越了

我家有条特别长的走道，每次从客厅看完电视回房间睡觉，都得走好久才能到最里面我的房间。由于走道采光不好，晚上灯光不亮，走在走道上，我都感觉自己进入了另一个世界，太压抑了。

Q 小姐

没有餐厅的房子，分分钟要崩溃

当初装修房子的时候，什么也不懂，也没有请设计师，自己凭着感觉就装完了，于是为此付出了沉重代价。由于空间面积不大，就没有特意设置餐厅，想着在客厅茶几上吃饭也没什么大不了的，但生活了几年下来，实在是快要崩溃了。每天从厨房到客厅要走很长的路不说，一家人窝着身子吃饭，感觉消化都不好了。

Q 小姐

晚上如厕成为“心头病”，每每失眠到天明

我家从主卧到卫浴，要绕很大的一圈，每次晚上如厕，都要打起十二分精神，怕撞到过道上的家具。这样一来，上个厕所就要花上七八分钟，回来再想入睡却睡意全无。

设计师 30 秒解读居住问题

这几位朋友遇到的问题，实际上属于"**家居动线不顺畅**"。这些户型存在的问题主要是功能区域安排得不合理，导致生活使用上的不便利。如果你家也存在类似问题，请到本书的 p56~p81 来寻求破解灵感。

发送

3. 功能空间不够用

结婚前还嫌家里空，结婚后房间太不够用了

原本三室一厅的房子，两个人住的时候还觉得家里空荡荡的，但有了孩子之后全变了。公公婆婆长期住在家里帮忙照顾，我爸妈不放心，也时常来家住上两天。家里房间严重不够用，想有个能安静看书、工作的地方都不行，上厕所还要全家人抢，实在不方便。

二胎政策放开，大女儿都不能在家里安心学习了

为了有人照顾两个孩子，请了我妈来帮忙，可是家里一共就两个房间，我妈来了之后只能和大女儿一起住，由于生活习惯的不同，导致大女儿在家都不能安稳地学习了。

没有独立的工作空间，办公就像"打游击"

由于工作需要，我老公有时要在家办公到很晚。但家里空间面积有限，无法拥有一个独立书房。他又担心工作太晚影响到我的睡眠，就总是窝在沙发上办公，或者就在餐桌上凑合。看他这么辛苦，真是有些于心不忍。

设计师 30 秒解读居住问题

这几位朋友遇到的问题，实际上属于"**功能空间不够用**"。由于家庭成员结构的变化，导致原本充裕的空间条件变得不够使用；或者原始空间的面积有限，无法满足实际生活需求。如果你家也存在类似问题，请到本书的 p82~p97 来寻求破解灵感。

发送

4. 室内采光不合理

Q 小姐

冬天我家一边阳光灿烂，一边黑漆漆

家里的窗户很奇怪，都开在了一边，按理说窗户多家里光线就会好，可到了冬天，靠窗户的半个房间倒是暖洋洋的很舒服，但走到另半边一点光线都没有了，还冷得要命，真不知道这窗户的存在是好是坏？

Q 小姐

卫浴没窗，白天也要开灯好心累

卫浴没有窗户，每次进出都要开灯才能看得见，不管是白天还是晚上，进去随便拿个东西都得开灯，太心累了。

Q 小姐

客厅、餐厅冰火两重天，在家竟然有温差

我家客厅有扇特别大的落地窗，白天坐在沙发上晒太阳久了还会有点热，可奇怪的是每次进到餐厅我都得打冷战，温度差别实在是太大了，餐厅也有一扇小窗户，可采光就是很差，基本没有什么光线。

设计师 30 秒解读居住问题

这几位朋友遇到的问题，实际上属于**"室内采光不合理"**。这些户型中的空间，有的属于先天无窗导致的"暗室"，有的由于采光区域分布不合理，造成有的空间明亮、温暖，有的空间黑暗、阴冷。如果你家也存在类似问题，请到本书的 p98-p115 来寻求破解灵感。

发送

5. 收纳规划不到位

Q 小姐

买了收纳盒装东西，家里还是乱糟糟

看网上说可以多买收纳盒来进行分类收纳，我和我妈就买了大大小小各式各样的收纳盒，可家里的东西还是到处都是，衣服也东一件西一件的，从来没在收纳盒里好好待着，真奇怪。

Q 小姐

喜欢买鞋子，但是就是买不到合适的鞋柜

我是个狂热高跟鞋收藏者，喜欢买各式样的高跟鞋，我收藏的高跟鞋数量可以以百来计算，但有个很尴尬的问题，家里的鞋柜没法把我的高跟鞋都容纳进去，如果把高跟鞋直接放在外面，又不仅占地方还会把鞋弄脏。

Q 小姐

爱买电器设备，地上全是线

现在电子设备的更新换代特别快，老公又是个电子设备剁手党，只要是新的电子设备都会买回来试一试，可家里面的插座不够，我买了很多插线板，结果家里地上到处都是电线，怎么收拾都是乱糟糟的。

设计师 30 秒解读居住问题

这几位朋友遇到的问题，实际上属于"**收纳规划不到位**"。这些问题看似好像是由于个人不懂收纳造成的，事实上如果在设计或改造之初，就考虑到家中的收纳问题，提前做好规划就能还原一个整洁的空间环境。如果你家也存在类似问题，请到本书的 p116~p135 来寻求破解灵感。

发送

6. 空间审美不协调

Q 小姐

当年洋气的电视背景墙，现在全家人都吐槽

当年很多人家都没有装修电视背景墙的概念，我家走在了时尚的前端，装了当年流行的款式，深绿的底色加上展翅高飞的白鹤，一派祥和的景象。现在却成了全家人的吐槽点，看电视的注意力都被它分散了。

Q 小姐

找设计师装修，回到家以为我家变成了 KTV

工作忙没有时间盯着新房装修，所以把所有事情都交给了设计师，没想到由于和设计师的沟通出现问题，装修完后我回家看了看，结果我打开门一看，暗红色的欧式大花墙纸配上米黄色沙发，客厅还装着五颜六色的灯带，沙发墙上的大幅油画让我一瞬间以为走进了乡村 KTV。

Q 小姐

购买家具欠考虑，风格不搭还拥挤

由于是学艺术的，对自己的审美十分自信。装修风格也不想太过复杂，于是就想买家具，自己搭配设计理想小家。但结果却是"理想很丰满、现实很骨感"，由于没有考虑空间尺寸，导致买的个别家具过大，放在家里显得很拥挤；并且买家具时只看单品好不好看，忽略了整体效果，最终家里变成了"四不像"，现在看着就闹心。

设计师 30 秒解读居住问题

这几位朋友遇到的问题，实际上属于**"空间审美不协调"**。这些问题或是由于随着时间的推进，早年的装修风格已经跟不上现代的审美；或是由于之前装修欠考虑，导致空间搭配不协调。如果你家也存在类似问题，请到本书的 p136~p161 来寻求破解灵感。

发送

装修，家居生活大"变身"的契机

　　面对家中出现的若干种不良居住情况，进行合理改造，才能达到舒适的居住需求。也许你会觉得重新装修太麻烦、太琐碎、太操心、太累……而迟迟难以下定决心，开始为家"改头换面"。但事实上，相比装修的麻烦，住得不开心反而更影响生活质量。下面我们看看通过装修改造，让家居生活大变身的案例，相信能提升你改善居室环境的决心。

/ **不规则的空间** /

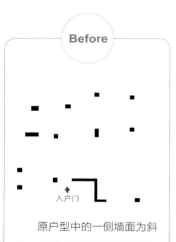

Before

　　原户型中的一侧墙面为斜边，既给人不好的视觉体验，又不利于家具的摆放，怎么住心里都不畅快。

After

　　利用造型柜找平墙面，既形成了方正的空间，方便床和床边柜的摆放，又为主卧室增加了一定的储物功能。通过精心的设计弥补，糟糕的户型也能带来美好的生活体验。

类似空间的改造方法：

① **巧建隔墙**——依空间斜面建造可以拉正空间的墙面，形成规整格局（建议较大空间使用）。

② **隔墙拆除**——可将无用的非承重隔墙拆除，营造开放式空间。

③ **改变门的开启位置**——有的不规则空间是因为门的开启方向所导致，可改变居室门的位置使格局规整。

/ 面积狭小的空间 /

Before

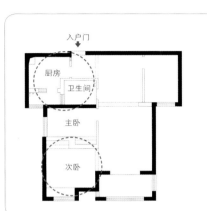

原户型中的卧室较多，但主卧隔壁的次卧面积较小，利用率很低。另外，厨房的面积也较小，还被分成了两部分，中间有一个门连窗，内侧非常窄小。

After

将主卧和次卧之间的隔墙砸掉，合并成一个空间。由于卧室与客厅的隔墙延长，使电视墙的比例更舒适。另外，为了扩大厨房面积，使橱柜更好摆放，砸掉了中间的门连窗，使厨房空间变成了一个整体。

类似空间的改造方法：

① **隔墙改造**——巧借临近空间的面积，使狭小空间变开阔。

② **色彩弥补**——利用具有膨胀感的色彩涂饰墙面，在视觉上放大小空间。

/ 过道狭长的空间 /

Before

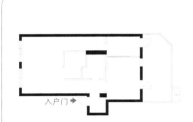

这是一个整体呈长条形的户型，由于厨房和卫浴的位置在中间，所以公共区两侧出现了两条非常狭长的过道区域，窄且长，破坏了整体比例，使人感觉非常不舒服。

After

因厨房面积比较窄小，所以仅保留了一道墙壁，厨房其余部分的隔墙全部敲除后，狭长的区域就消失了。且将原来通向次卧的过道利用起来，用短隔墙做几道间隔，将橱柜嵌入其中，增加了厨房利用面积。

类似空间的改造方法：

① **巧设造型墙**——将原有生硬的隔墙拆除，再设计一面造型墙，可避免狭长过道带来的压抑感，也能为空间带来美的视觉享受。

② **色彩弥补**——不方便拆除的隔墙，可利用后退色（亦称"缩色"。指和其他颜色在同一平面上，但看起来离眼睛较远的颜色，如绿色、蓝色、紫色等。）来营造视觉上的扩大感。

/ **动线不合理的空间** /

Before

原有布局将客厅旁没有阳台的小空间作为餐厅，不仅面积较小，而且厨房和餐厅之间虽然只有一面墙，却要经过两道门，如果菜肴的汤汁比较多，难免会洒到地上，非常不卫生。

After

将餐厅移位到厨房中，缩短两者之间的距离；且将原餐厅做成了地台式休闲区，还可收纳部分物品。

类似空间的改造方法：

① **有效合并空间**——拆除不必要的隔墙，使两个原本拥挤的空间变成一个宽敞的空间，将产生家务动线的空间并为一室。

② **功能空间互换**——理顺家居动线，将产生居住动线、家务动线、访客动线的空间进行重新界定。

/ 采光条件差的户型 /

Before

　　此户型是单面采光，卧室和卫浴用隔墙分隔出来，公共区域只能依靠一面窗来采光，显得非常阴暗，仿佛被打入冷宫一般，让人感觉压抑、没活力。

After

　　将卧室墙面敲掉，改成了玻璃墙和推拉门，并将玻璃的中间部分进行磨砂处理，除了遮挡卧室的部分视线外，还最大化地引进了光线，改变了昏暗的原状。只要充满了阳光，房间再小，也都充满幸福的味道。

类似空间的改造方法：

① **墙体改造**——把一些无用隔墙拆除，让光线蔓延至室内。

② **空间挪移**——将诸如客厅等主要室内空间重新"规划"在室内阳光充裕的区域。

③ **色彩弥补**——室内空间以浅色系为基调，也可以结合多元灯具直接补光。

④ **材质反射**——利用镜面、光亮的瓷砖和玻璃推拉门，提升室内亮度。

/ 功能空间不足的户型 /

Before

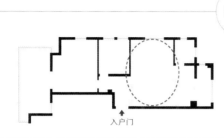

原始户型在格局上没有太大问题，但由于居住者需要父母来帮忙照看上小学的孩子，因此需要多出一间卧室。

After

利用面积比较充裕的客厅来分隔出一间卧室。但由于加建了隔墙，导致开放式客餐厅的采光受到影响，因此厨房选用了通透的玻璃隔断拉门，来避免产生阴暗空间。

类似空间的改造方法：

① **增加隔墙**——找出室内较充裕的空间，加设隔墙，使居室多出一间房。

② **建造多功能空间**——根据需求为一个室内空间注入多种使用功能。

③ **隔断分隔**——使用通透性较强的隔断将一个大空间进行分隔，使之拥有多种用途。

/ 储物功能不足的户型 /

Before

入户门

这是一个方正的小户型，餐厅和客厅从平面图上看，是一个 L 形，相对来说都比较宽敞，急需解决的问题是因为卧室面积小没有足够的储物区，导致东西堆得到处都是。

After

阳台
卧室　厨房
客餐厅
卫生间
储物间
入户门

将原来餐厅部分的面积缩小，使整个公共区变成一个一字形。原有餐厅的一部分用隔墙分出来一个面积较小但是是独立的步入式储物间。玄关左侧预留出了足够的空间来摆放收纳柜，放置近期比较常用的衣物。

类似空间的改造方法：

① **增加柜子**——找出家中一切可以设置柜子的区域，如飘窗、餐厅卡座区域等；也可以充分结合墙面做隐形收纳柜。

② **做榻榻米**——在合适的区域制作榻榻米，满足储物与休憩双重需求。

③ **定制家具**——结合空间情况定制家具，既能提升储物量，也能充分匹配空间使用。

/ 审美跟不上潮流的空间 /

Before

房子住了十几年，客厅电视柜比较老旧，家里物品较多，将电视柜塞得满满的，显得很凌乱。沙发成一字形摆放，不美观，且比较老旧。

After

客厅的设计以凸显清新感和宽敞感为主。淡绿色的沙发搭配木质茶几、电视柜、蓝色地毯，烘托出清新的主体氛围，墙面的装饰画是点睛之笔，虽然色彩数量多，但色调具有统一感，所以既活跃了氛围却又不会让人有刺激、杂乱的感觉。

类似空间的改造方法：

① **软装更新**——结合自身喜好，以及空间风格，对软装进行更换。

② **旧物改造**——对于一些框架较好，或喜爱的物品进行再利用。

小改造也能满足新需求

除了对空间格局进行较大规模的"换血"改造，有时通过一些小范围的改造，也能满足居住生活的新需求。不必大兴土木也能让室内环境轻轻松松就变美的方法很有效。

1. 对加分区进行局部小改造

当我们进入室内时，第一眼看见的地方会影响我们对整个居室的印象。想象一下，如果一打开门，首先映入眼帘的是做工考究的玄关家具和品位不俗的装饰品，心中一定会有赞扬、惊喜的感觉，带着这样的印象往居室里面走，会觉得空间整体都精致、考究起来。所以对站在门口第一眼就能看见的地方加以改造，可以产生很好的效果，这是决定室内第一印象的加分区。

▶进入房屋后站在玄关看向整个房间，瞬间映入眼帘的墙壁或其他地方就是加分区

2. 找到家中的加分区

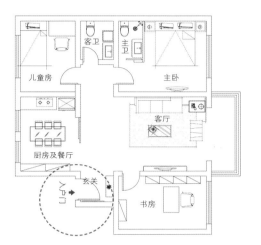

进门第一眼看到的墙

很常见的一种户型形态，进门就面对一面大白墙，强弱电箱还往往设置在此处。

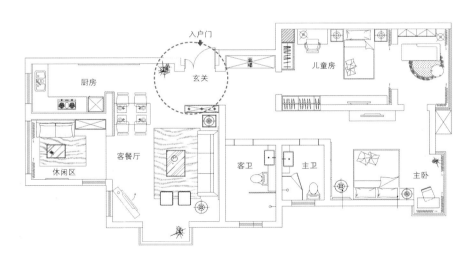

进门第一眼看到的隔断区

有时为了避免家中的功能区域第一眼就全部进入到来客的眼中，常利用镂空木格栅区分玄关和其他空间。

/ 加分区改造技法 1 ：软装加持＋色彩美化 /

可以在入户第一眼的墙面运用设置装饰画、摆放玄关柜的方式来塑造加分区，精彩的软装布置可以很好地吸引眼球。也可以为墙面加个色彩，让原本平淡无奇的区域大放异彩。

▲玄关柜和装饰画皆为几何形态，造型感十足，具有现代气息

▲玄关柜的外形比较常规，搭配的彩色墙面和小软装，则提升了空间美感

/ 加分区改造技法 2 ：设置成功吸睛的精美小隔断 /

在玄关区设计镂空隔断，既可以成为入室第一眼的加分区，又能提高装修档次，在颜色和花型的选择上也丰富多样，可以根据家居整体风格来设定。

◀镂空隔断不会影响空间的采光，能增强小区域中的层次感

/ 加分区改造技法 3 ：选择令人眼前一亮的家具 /

在一进门就能看到的空间区域摆放一两个令人眼前一亮的家具,可以迅速让人产生进屋坐坐的欲望。同时,独特的家具也可以让室内空间变得与众不同。

/ 加分区改造技法 4 ：为空间增添变化的地面铺贴形式 /

入门的地面设计不容忽视,如果之前的瓷砖或地板的铺贴形式比较单一,在改造时可以通过铺设地毯,用地面贴纸的方法来为玄关区域带来变化。

▲玄关铺贴的地砖无论色彩还是纹样均比较活泼,为空间带来丰富的视觉变化

▲玄关地毯丰富了小空间的视觉感,令此区域告别了单调

2. 不砌墙的功能分区改造灵感

当提到对空间进行分区时，很容易就会想到砌筑隔墙。在很多改造中利用隔墙对空间进行再分割和分配时，虽然具有隔音效果好，能够分隔出比较完整的空间等优点，但同时存在工程量较大、施工过程较麻烦等弊端。因此，室内空间中对于隔音和隐私要求不高的区域，可以通过更简单、有效的方式进行分区改造。

/ 手法 1 ：不阻挡光线，又分隔空间，还能储物的隔断柜 /

隔断柜不仅具有分隔作用，还具备一定的储物和展示功能；若设计成半隔断柜的形式，还可以保证室内的采光和通透感，在视觉上不会显得拥挤，非常适合小空间。

▲ 隔断柜的设置相对简单，且使用功能比较丰富

/ 手法 2 ：小吧台让开放式空间更有融合感 /

吧台具有占地小，形态灵活等优势。在一些开放式的空间中，吧台还具备分隔空间的作用，既可以缓和视线焦点，又能促进空间的融合感。

▶ 在客厅与玄关之间设置吧台，形成隔而不断的视觉效果，既增加功能性，也在一定程度上保护了客厅的隐私

/ 手法3：具有分隔空间作用的多功能家具 /

想拥有比较通透的空间环境，又想在一个空间中满足两种功能需求，可以巧用家具进行室内分区。

▲ 想在客厅划分出一个书房，可以用沙发作为两个空间的分区标志，沙发前面的空间是客厅，背后的空间就是书房

▲ 使用小矮柜作为沙发与餐桌之间的过渡，既能起到分隔空间的作用，小矮柜又能充当边几收纳物品，一举两得

/ 手法4：地毯区分出客厅和餐厅空间 /

在面积较大的居室中，运用地毯来划分出不同的功能区域，既合理地利用了空间，又为空间注入了更多的功能。

▲ 客厅和餐厅没有进行特别的分区，视觉上很容易产生融合。但若在客厅大面积铺设地毯，客厅区域一下子就与餐厅区域区分开来了，视觉上不会减小空间感，却增加了空间层次

3.旧物换新颜的改造技法

居住了多年的家，在进行改造时，难免会遇到一些"鸡肋"物件，扔之可惜，不扔又与新家气质不符。实际上有些物件只需通过相宜的改造技法，就可以"旧貌换新颜"。例如，家中框架完好、表面有些破旧的家具可以通过刷漆、贴翻新纸，或覆盖布艺的方式进行美化；而家中若有旧皮箱、旧风扇等物，将其摆放在适宜的角落，还能为空间增加一丝复古风情。这些改造花费少，还能在家居中注入特有的温度，一举两得。

旧皮箱改造的床头小凳子

旧台灯缠麻绳，复古又有趣

保留原画框，替换画作内容

旧家具重新涂漆，焕然一新

/ 专题 /

与时代同步的智能化设施

在科技时代的当下，在家居生活中加入一些智能改造，不仅能够提升居住体验，还能增加使用乐趣。

智能窗帘

智能窗帘与传统窗帘相比，不仅对居室有装饰作用，还具备调节光度、隐密度等优势。人工智能控制的设计，可随时通过无线网络连接，令窗帘只在你需要的时候开启。

人体感应灯

通过感应模块自动控制光源点亮的一种新型智能照明产品。非常适合在厨房中作为补充光源使用，手轻轻一动就能实现开启或关闭，用着方便，还省电。

智能家具

劳累一天，回到家里，希望可以做个全身按摩，扫除疲惫，这时智能家具可以大显身手。一款带有按摩功能的沙发，或是自动调节的床头，靠智能化设施引领了家居生活的新潮流。

智能浇花系统

绿色植物在家里不可或缺，既能改善家居环境和空气质量，又可以缓解工作压力，放松心情。但由于工作繁忙或出差而无暇照顾，绿植很容易因缺水奄奄一息，智能浇花系统的出现，很好地解决了这一问题。

室内空间中值得尝试的
智能小改造

除了文中提到的智能家居产品，还有很多值得一试的创意产品，期待你将其运用到家居改造中，让生活随着时代的进步，实现更多的可能性，提供更舒适、便捷的居住体验。

Chapter 2

案例：不破不立，
理想的家
是折腾出来的

理想的家，
并不需要房子有多大，
装修有多豪华，
而是要有舒心、顺畅的居住感觉。

也许一些户型本身就具有缺陷，
也可能是住的时间长了，
设备、装饰不符合现在的需求，
当遇到这些不舒服的居住问题，
可不要总是将就，
动动心思，
将家变成更舒服、更漂亮的样子。

优化户型，
塑造方正、舒适的生活空间

所谓"户型"是指住房的结构和形状，它决定了居住者在住宅空间中的舒适度。掌握了判断好户型的本领，既可以享受方正空间带来的舒适生活，也方便在购房之际就挑选出符合自己生活预期的户型，尽可能减少装修时的拆改工程。

1. "好"户型具备的特征

整体形状方正：理想的户型最好为方正形状，但若由于种种原因，房子的户型并不让人满意，就应尽可能将各功能区域的形状调整方正，这样意味着空间利用不会出现浪费的情况。

通过改造将不规则户型变方正

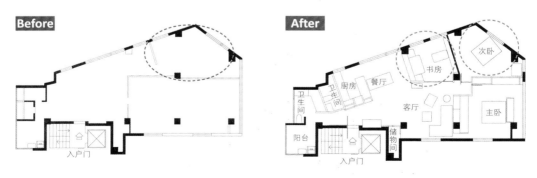

▲ 原户型是极不方正的五边形格局，导致内部空间格局配置相当棘手。改造时将不必要的隔墙拆除，依据空间中突出的柱体来找平空间界限，塑造出规整空间，并通过隔断和家具配置尽可能将空间感拉正

房间大小要适中：一般情况下，大家会认为室内空间中的房间越大越好，但实际上并非如此，好的户型主要体现在比例和布局的合理性上。例如，过大的空间往往会给人一种空旷感，如果布置不合理，必定会产生疏离的居住感受，且缺乏安全感；而过小的空间又容易显得逼仄，在居住时感到压抑。因此在进行户型改造时，最重要的就是要根据使用情况，平衡好各个空间的大小比例。

2. 通过拆除或加建隔墙来释放或拉平空间

在进行户型优化时，最常用的手法就是通过拆除或加建隔墙来实现空间的合理化。在加建隔墙时，只需满足对空间的需求即可。但拆除隔墙却并不能随心所欲，而一定要先了解哪些工程属于可拆除项目，并在拆除部位标上记号，请教物业管理部门之后，再进行逐步拆除。

区分可拆除的墙体与不可拆除的墙体

不可拆除的墙
（1）承重墙 （2）家居中的梁、柱 （3）墙体中的钢筋 （4）阳台边的矮墙 （5）嵌在混凝土结构中的门框

可拆除的墙
在家居中只起到分隔空间作用的轻体墙、空心板是可以拆的。因为这些墙完全不承担任何压力，存在的价值就是分隔空间，拆了也不会对房屋的结构造成任何影响。

判断承重墙的方法

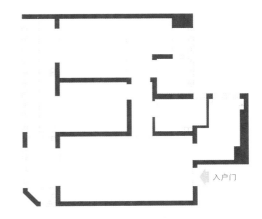

入户门

◎ 墙体厚度在24cm以上，用手敲击闷实而无声响的大多数是承重墙。

◎ 在户型图中，承重墙体的位置会被加重标注出来，承重墙为黑色加粗的部分，以此与其他墙体作区分。

户型优化案例 1：

拆除多余隔墙、重组不规则墙体，
给家带来更多新体验

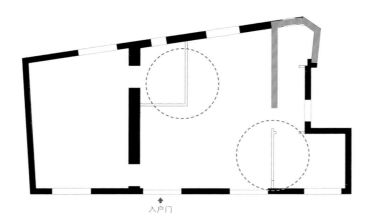

户型问题

1. 空间不规则。

2. 隔断多，分隔空间狭小，各空间功能受限。

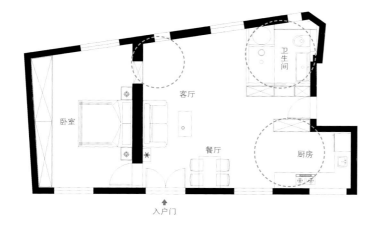

改造重点

1. 拆除多余隔墙，整合被分隔的客厅。

2. 卫浴隔墙外移，扩大空间。

3. 拆掉厨房隔墙，做成开放式。

格局改造核心

客餐厅一体化，增加敞亮和通透

　　客厅和餐厅不再使用隔墙隔开，而是共用一个空间，让公共区域变得更加宽敞，减少不规则户型带来的压抑感。餐厅旁的两扇窗户，由于没有隔墙的阻碍，光线可以直接照射到客厅，使客厅变得更加明亮。

开放式厨房打破狭小不规则感

　　将厨房隔墙拆除后，改造成完全开放的形式，仅以透明隔断与玄关柜作为与入口的分隔，透明隔断的使用，以及白色系色调，使整个空间不再有狭小之感。

利用木质阁板作为置物架，充分利用了角落空间，并且为一些生活常用品找到了恰当的安身之处

白色＋木色，打破不规则空间奇葩感的配色

原始户型中，卫浴设置在一个多边形角落，且面积非常狭小。改造时将墙面进行外移，给卫浴留出了更多空间，同时令如厕、洗漱、沐浴都拥有了各自合理的区域。在配色上，自带膨胀感的白色，与柔和淡雅的浅木色组合搭配，使窄小空间呈现出敞亮的效果。

加入本书
户型改造交流群
/掌握户型改造攻略/
/打造理想户型/
家居风格测试/装修预算/改造实景图
入群指南详见本书第194页

空间设计细节

▲ 玄关空间较小，仅以一个小的玄关柜和玻璃屏风作为与厨房的隔断，保证空间分区又不影响各空间的采光，并在厕所的门口安装定制的墙柜作为玄关的收纳之用，为玄关节约了不少空间

▲户型不够方正规整，墙体带有一定斜度，在选择衣柜时，普通成品衣柜不如定制衣柜更加适合空间。可以利用定制衣柜拉直空间，避免因家具尺寸不合而留有畸零角落

▲厨房、餐厅、客厅的顺序布置，非常符合日常生活动线，从厨房做好饭菜，可以直接端到餐桌上，吃完饭后也可以直接来到客厅进行饭后的娱乐活动，动线简洁、便捷

▶规则排列的 6 幅装饰画，无论色彩还是造型均与朴素的客厅搭配相宜，同时还提升了客厅的亮点和品位

▲厨房橱柜使用了浅木色台面和白色柜体的搭配方式，这样的组合搭配，带有简洁、雅致的现代感。同时再用少量黑色作为调剂，增加了配色的稳重性

◀卧室与客厅、餐厅之间分别有两个连接的门，由于客厅位置比较靠内，与客厅相连的门使用率并不会很高，所以可以在门后摆放柜子，作为封闭的墙体着待

户型优化案例 2：

打掉隔墙，
畸零小空间整容式大逆袭

设计公司：刘思彤设计
设计师：蔡志鹏
户型面积：145 m²

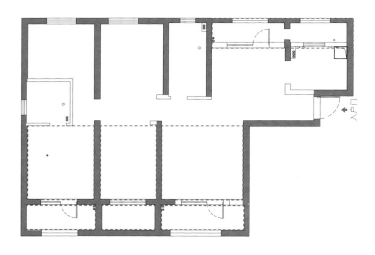

户型问题

1. 隔墙较多，方正的户型被分隔成许多零散的小空间，空间难以利用完全。

2. 厨房和餐厅的面积均比较小，但周围还有可利用空间。

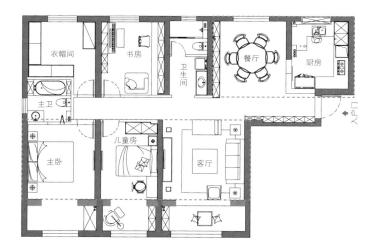

改造重点

1. 将被隔墙和推拉门分隔的零散空间，各自整合成整体大空间。

2. 拆除餐厅与厨房附近的无用空间，增加使用面积。

格局改造核心

贯通式设计，增加客厅使用面积

拆除原有客厅和阳台之间的隔墙和推拉门，有效增加客厅的使用面积，使阳台和客厅之间的贯通感更强。

独立式大餐厅，享受美好的全家用餐时光

原有餐厅的面积不大，还被隔墙隔出一个小空间，使用起来很不舒服。改造后将隔墙和门拆掉，合并成一个大的用餐空间，宽敞又明亮。同时光线还可以抵达玄关，令这处小空间也跟着亮堂了起来。

主卧阳台门拆除，引入光线又扩大空间

将主卧与阳台之间的门拆除，以轻柔的纱帘作为日常隔断，带来了良好采光的同时，也使主卧空间变得宽敞起来，动线也随之顺畅、简单。

开敞式阳台，为儿童房增加自由活动的空间

儿童房原有的阳台推拉门拆除，将封闭的阳台空间整合成卧室空间，使原本窄小的儿童房能多出更多的自由空间，不显得压抑。

空间设计细节

▲整合了客厅空间之后，客厅的面积变大，因此墙面可以使用欧式护墙板和墙纸的搭配方式，淡雅的色调看上去清爽而优雅，使客厅一下子变得活跃起来

加入本书 /户型改造交流群/ 家居风格测试/装修预算/改造实景图
/掌握户型改造攻略 打造理想户型/ 入群指南详见本书第194页

▲ 卧室的装饰感都来自于床头柜上精致且充满风格感的工艺摆件，纤细的线条造型和金属的光泽，洋溢着欧式风格轻快的奢华感

▲ 餐厅采用直线条家具与金属装饰打造欧式风格的用餐环境，白色与金色的搭配为空间带来尊贵的品质感。从古典造型简化而来的欧式烛台与现代感的材质形成对比，跨时代的审美在此完美融合

◀ 过道的风格延续了居室的整体风格，乳白色与淡蓝色的组合使整个过道看起来清爽明亮，丝毫不会有沉闷感。顶面射灯有着较好的补光作用，一圈一圈的光晕打在米黄色瓷砖上，形成了美妙的氛围

▲ 干湿分隔的卫浴设计，不会出现一个成员使用卫生间时，其他成员无法使用的窘迫。同时，开放式的干区设计，避免了狭长走道的形成，缓解了走道的压抑感

▲ 过道和客卫延续了居室的整体风格，干净的色彩组合使小空间看起来清爽明亮，丝毫不会有沉闷感

户型优化案例 3：

小空间巧整合，
释放大容量的使用场地

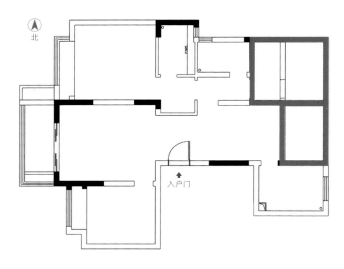

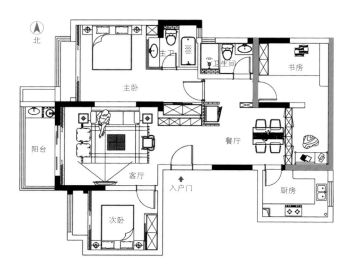

户型问题

1. 北面的阳台比较鸡肋，且同区域周围的隔间较多，但空间较小，难以利用。

2. 厨房宽度 2.1 米，除去台面和冰箱的深度，人的操作空间只有 0.8 米，使用不便。

改造重点

1. 对北部小空间进行整合，增加收纳空间。

2. 将冰箱嵌入到过道之中，释放厨房面积。

格局改造核心

组合式家具，休憩、工作、储物全都满足

把北面最鸡肋的阳台并入到书房区域，为日常会客提供了更多的空间。同时制作榻榻米式的床充分利用空间。有客人时当作客卧使用，闲暇时可以在书桌上看书、写作等。另外，柜子下部有个凹陷的区域，高度与榻榻米同高，躺着时可以随手抽取书籍，非常人性化。

落地玻璃与方格柜实现光线、收纳双重作用

餐厅与原阳台之间的推拉门改成"双面单门间隔"的展示柜，不仅充当了隔断，还可以作为餐边柜以及装饰柜，将喜欢的餐具器皿摆在柜子上，既能在进餐时随手拿取，也能作为陈列展示自己心爱之物的地方。另外，通透性设计可以把阳台的光线带进餐厅，让每日进餐都能在阳光下进行，同时可以做到南北通风的效果。

空间设计细节

▲ 整体南北通透的格局，从客厅直接就能走进餐厅或者厨房，但空间之间又隔着走道，这样联系又独立的布局设计很有层次感

▲ 在电视上下方打造墙体柜，将杂乱的生活用品全部藏进柜子，两侧再放置开放式的搁板，用来摆放一些观赏性的装饰，既妆点客厅，又能作为收纳空间

◀ 通过色彩和材质的
对比，为电视墙增加
一些变化。同时，电
视墙两侧以淡灰色大
理石作为装饰，增加
了优雅的现代感，使
电视背景墙在材质上
有了丰富的层次

▲ 卧室中通常也需要收纳一些物品，可以在飘窗下方设计一组矮柜，两侧则顺势做成搁架，令飘窗同时拥有
座椅和收纳柜两种功能

▲ 进门的空间太小，距离太短，所以
没有摆放任何家具充当玄关柜，但设计
了白色柜子和彩色壁纸作为入室的第
一眼装饰。白色柜子与客厅电视背景
墙的柜子呼应，棕叶图案的壁纸局部
铺贴一小块，从整体墨绿色的墙面内
显出来，成为一进门就能看见的装饰

▲ 黑白双色的厨房，给人一种简洁大方的硬朗感，带有灰色花纹
的白色瓷砖，减少了空间里的沉闷感觉，增添了柔和气氛

▲ 拆掉主卫靠近卧室的墙换以玻璃结构，让光线最大程度进入的同时，显得整体空间更加宽敞。同时，新建
的隔断给主卫多让出了一个洗手台的宽度，足以放下一个大浴缸

户型优化案例 4：
还原大开间，心中完美的"一人居"就是它

设计公司：晓安设计
设计师：南异
户型面积：60m²

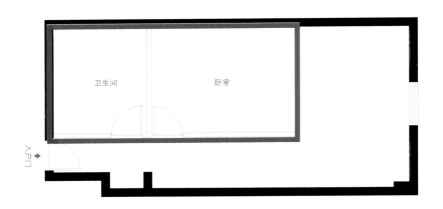

户型问题

房屋面积非常小，卫浴和卧室占去大部分空间。

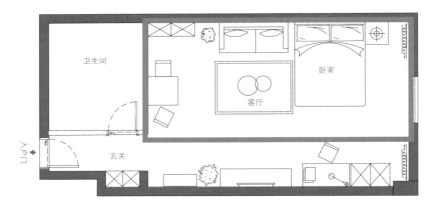

改造重点

1. 拆掉卧室隔墙，将卧室空间开放。

2. 扩大空间，减少窄小感。

格局改造核心

家具也能将空间分区

　　原始户型中有一个面积较大的暗卧，采光不好，而且还形成了一个狭长过道，使原本就不大的空间，利用率更低。改造时将卧室的隔墙进行拆除，形成一个面积较大的空间，并运用家具代替硬质隔断，对空间进行分区，将客厅、餐厅、卧室都融入一个空间内。对于窄小空间而言，这样的划分方式更大程度上节约了面积，使空间看起来宽敞、明亮，没有压抑感。

空间设计细节

◀客厅中的粉色沙发是视觉中心，搭配多功能组合茶几，虽然体积小，但却有多重功能，移动起来也很方便。对于面积不大的居室而言，客厅功能可以变得多样化，不仅可以用来会客、交谈，还可以作为阅读、小想、进餐的空间

▶ 在临近餐桌的墙面摆放一个白色置物架，用来摆放书籍、装饰杂货等，不会占用过多面积，同时承担起收纳功能

◀ 靠墙摆放的方形实木餐桌，不会占用太多空间，同时保留了足够的动线距离，使餐椅在使用时不会妨碍室内走动。黑白色方格桌布的运用，在粉色餐椅的映衬下显得理性，使整个空间的配色浪漫温馨中不显娇媚

▲ 沙发与床之间的位置较窄，所以在靠近窗台的一侧摆放了一个小巧灵活的床头柜，摆放上相框和装饰小物，就能塑造一处温情角落

▲ 由于面积窄小，因此没有独立玄关，入口处也没有足够的面积放置鞋柜、衣柜，所以在靠入口的墙面订上衣帽架，挂放衣服、包包、帽子，简单、实用又美观

◀卧室选择了白色床和粉色床品的组合，呼应了客厅，客厅配色，使整个空间看上去更有统一性，不会因为色彩多而显得混乱

▶衣柜与工作桌为组合家具，在空间不够或不需要用到工作桌时，可以将桌子收起来，靠在衣柜旁，不仅不占用空间，还能变成"移动的工作房"

设计公司　维斯林室内建筑设计有限公司
设计师　廖奕权
户型面积　35m²

户型优化案例 5：

客厅、卧室合并，
我家再也不拥挤

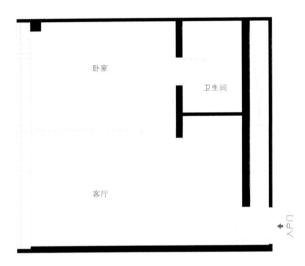

户型问题

原始户型面积不大，客厅和卧室两个空间都很逼仄。同时，卫浴在卧室中，客人来访，如厕不便。

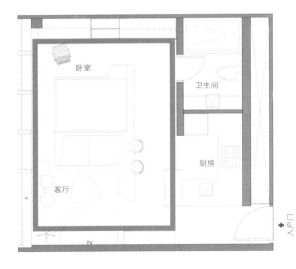

改造重点

敲掉卧室隔墙，将客厅和卧室做开放式处理，调整空间动线，使生活、行动更便捷。

格局改造核心

把床放置在房子中间的智慧

　　大多数家庭常把床定位在角落，以一个大背景衬托。但在这个户型改造中，却把床设置在居室中间，周围留有空间，再加上小吧台以及沙发，这三个功能区域联合成一个大结构，而释放出来的墙身用作电视墙，订制书桌和衣柜，为小居室节省了大量空间。

空间设计细节

▲ 电影院座椅用在沙发区，提供了额外的座位可以用来接待朋友，不需要时，则可以折叠起来，不占用空间

▲ 小吧台设计是为了在狭小空间里为居住者提供一个舒适的用餐位置。而小吧台至床头板拉直的木质台面，则延伸了整个空间的长度，也有助空间感一致有序

▲ 对于小户型房间，与其把空间一部分拿来做玄关区，还不如仿照欧美开门见山的设计手法，不刻意设计屏风或增设独立鞋柜，利用一字型厨房柜体靠近门口的一端打造成开放式层架，隐藏视觉但使用起来还是一样便利，再加上在门口走廊放上的镜子，扩大了空间的视觉效果

▲ 卧室区域的主色为白色，干净、明亮，且与整体空间的配色十分协调。橘色抱枕的加入为这一空间增加了视觉亮点，暖调色彩也为居室环境带来温暖感

优化动线设计，
带来顺畅的生活空间

　　"动线"这个概念看似专业，但实际上简单、直白，就是指居住者在家居空间中的活动路线，可以根据居住者的行为习惯和生活方式把空间有效地组织起来。室内空间的动线会直接影响居住者的生活方式，简洁、顺畅的动线可以让人活动时感到舒服。但有些家庭由于空间限定，或是在装修最初之时考虑不充分，就会产生很长、很绕，需要原路返回或交叉的动线。这些不合理的动线不仅浪费空间，还会影响家庭成员的活动。

1. 室内"好"动线具备的特征

　　"动区"和"静区"分区明确： 住宅中像客厅、餐厅、厨房、客卫等都属于动区，居住者的出入、活动比较频繁，而卧室、书房、主卫等属于静区，居住者一般会是相对安静的生活形态，好的室内动线应做到动静分区明确。

　　家居大动线不交叉： 一般住宅的动线可以分为家务动线、私密线、访客动线，这三条线不能交叉，是住宅动线关系的基本原则。若三条线交叉，会使功能区域混乱，动静不

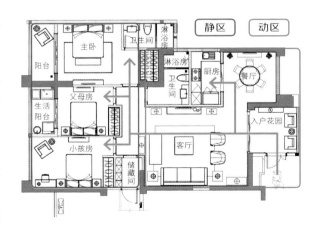

▲ 空间中的动区和静区分隔十分明确，形成很好的居住体验。另外，从玄关到客厅、餐厅，到厨房，再到不同的卧室，原本需规划 6 条主动线，但现在用一条贯穿的主动线来整合这 6 条移动的主动线，既没有产生交叉，又能突显出空间的最大使用效果

分，有限的空间会被零散分割，不仅住宅面积会被浪费，家具布置也会受到极大限制。

2. 室内"好"动线的塑造方法

制定家人适用的动线：在考虑规划室内动线时，可以引导家人把生活需求做准确表达，并尽量多用动词表述，如"进门要坐下换鞋，还想放包、挂大衣"，然后把需求写在纸上，按照"必须（如烹饪、用餐）""高频（如看书、工作）"、"低频（如招待亲友）"分类，再找出这些动作之间的交叉关系和先后顺序，把活动分区连成线，使家中的动线基本成型。

▲ 写出自己的具体需求和搭配空间，标注重点，把需求放入空间，调整好就串联起来

家务动线的优化设计：涉及的区域广泛，主要包括餐厅、厨房、卫浴等。在设计上要考虑做家务是否方便和节约时间。例如，最好将烹饪、上餐这一套整体活动连在一起，洗衣和晾衣的动线连在一起。也就是说将活动比较频繁的区域尽量集中在一点，且距离尽量短。

访客动线的优化设计：一般主要涉及客厅、餐厅、卫浴、阳台等区域，一般客人来访不会涉及卧室等私人空间。所以访客动线不能影响家人休息，且要方便和客人交流活动。另外，访客动线区域的家具尺寸一定要适宜。

私密动线的优化设计：主要是卧室、书房、衣帽间等空间，要充分尊重家人的生活格调，满足生活习惯。私密动线一定要考虑私密性、便捷性、独立性。

动线优化案例 1：
功能区大调整，相关区靠近，使动线更合理

设计公司　清羽设计
户型面积　115m²

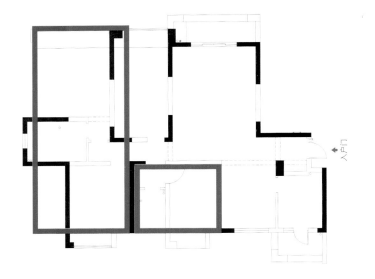

户型问题

户型中的隔断墙设置的较零碎，令空间中出现了较多的过道，并且许多功能空间的进入方式非常不便。

改造重点

1. 拆除不当隔墙，降低狭长过道的出现率，形成贯通空间。

2. 改变若干室内门的开启位置，营造行动便捷的功能空间。

格局改造核心

可以互动的餐厨空间

　　将原有餐厨之间的小段隔墙做半隔断式处理，且形成一处吧台空间，可以在做饭的同时与家人朋友互动，增加做饭的乐趣。同时，半开放式的餐厨空间形成隔而不断的视觉效果，增加空间的层次感与趣味性。

卫浴空间一分为二，改造出小书房

　　原始户型中，临近客卫有一处较大的空间，若设为卫浴，有点过大，浪费空间；若当作其他空间，入门的位置又十分尴尬。由于空间内的主卧中也有卫浴，因此客卫放弃原本干湿分区的布局，而是整合成利用率更高的空间形态，同时重新设置空间的开门方向，增加了一个小书房，增加了更多的居住需求。

空间设计细节

▲ 客厅两侧以嵌入式收纳柜作为整个空间的收纳主力，带有柜门的设计，可以将杂乱的物品通通隐藏起来，而中间开敞式的层板上可以放置一些装饰性强的物品，收纳、装饰一并解决

▲ 客厅的面积并不是特别大，所以只做了造型简洁的文化石电视背景墙，为电动投影幕布预留出空间

▲ 餐桌旁的金属小推车，墙面上的铁管线条装饰框，都是餐厅中集收纳与装饰为一体的神器，为空间增色的同时，也默默担负起储物的职责

▲ 由于家里有两个卫浴，所以主卧卫浴的设计更偏向私人化。浴缸、超长的卫浴镜、简单可爱的白色浴室柜装点着主卧卫浴，营造的闲适享受感大于实用感

▲ 主卧带有较大面积的窗户，采光条件比较好，但也会出现光线过强的问题，因此选择暗绿色作为卧室的主色调，一方面可以平衡过强的日照光线，另一方面可以打造沉稳而不沉闷的休息空间

▲针对楼房狭长的L形户型，采用了比较博隆的布局形式。为了给孩子一个心理上的导向作用，把休息区域地面抬高，用以中桌作为分隔，让人一踏就能分清哪里是学习区，哪里是休憩娱乐区，高的让孩子在进入房间时，第一个动作就是坐在书桌前，然后进行学习，而不是一进屋门就想躺在床上

▲阳台面积不够大，却想要一个袖珍花园，为了不占用日常晾晒的空间，沿着地镜设计长花架，把龙草摆放到壁上或墙上，既能节约空间，又能拥有自然之美

动线优化案例 2：

拆除非承重墙，
狭小区域化零为整，动线更便捷

设 计 公 司 · 晓 安 设 计
设 计 师 · 陈 秋 成　李 强
户 型 面 积 · 90m²

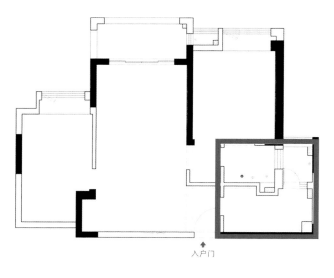

入户门

户型问题

原始户型中的厨房还附带一处小空间，但利用率较低。

阳台

主卧

客厅

次卧室

洗手间

淋浴间

餐厅

厨房

入户门

改造重点

整合厨房，将部分空间纳入卫浴，增加卫浴面积，使分区更加合理。

格局改造核心

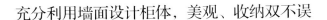

充分利用墙面设计柜体，美观、收纳双不误

　　将原始户型中正对的墙面设置成一面玄关柜，一面卫浴收纳柜的形式，充分发挥了墙体功能。首先，进门映入眼帘的是精美的装饰画和玄关柜，避免了入门就看到房间整体的尴尬，给人以缓冲空间。其次，临近卫浴处的收纳柜既能摆放洗漱用品，也能收纳其他物件。

加入本书 /户型改造交流群/
/掌握户型改造攻略 打造理想户型/
家居风格测试/装修预算/改造实景图
入群指南详见本书第194页

超大淋浴间带来绝妙沐浴体验

拆除原始户型中与厨房连接的小空间的门，再加入隔墙，使原本的小空间摇身一变成为了淋浴间，令原本的暗卫瞬间有了良好的采光，避免形成阴冷、潮湿的空间。同时将卫浴进行了干湿分离，对使用功能进行了精分。

多重功能次卧，一分为二更大化利用空间

次卧并不属于方正格局，带有一定的犄角，但由于次卧面积较大，所以可以一分为二，分隔成两个空间使用。一个空间运用榻榻米和书桌打造成可以休闲、娱乐的卧室，另一个空间利用储物柜和衣柜，改造成一个独立的衣帽间。

空间设计细节

▲ 客厅家具配置简单，但在造型、色彩与材质上充满了设计感。黄色与绿色组合的茶几和线条加上同样圆润的沙发，充满了独特的设计感。水泥坐脚墙和几何形状地毯更增添了活力，使客厅更不要加丰富

▼ 嵌入式储物柜完美掩盖住餐厅的墙角，并与西厨操作台形成流畅的视觉感，不会给人突兀的感觉

① ② ③

① 餐桌和餐椅的造型圆润，为空间带来流动性，餐桌上的新鲜花艺则为空间注入了生机

② 主卧的窗台破宽，创造出一个小飘窗，坐上软垫或放几个靠枕，就能变身成为绝佳的休闲放松的小角落，不占空间又充分利用了床边的空间

③ 以推拉门的方式开合的衣柜是节省空间最好的选择，在拥有相同容量的情况之下，推拉式衣柜没有向外开门的动作，所以与床之间所留距离可以缩小，进而可利用的空间可以用作他途

动线优化案例3：
改变门的位置，
动线清晰，卧室隐私有保证

设计公司　刘思彤设计
设计师：简华英
户型面积　70m²

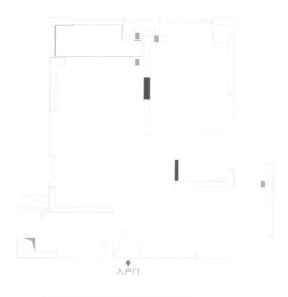

入户门

户型问题

户型中主卧的门洞开口位置尴尬，导致进出主卧与进出客厅的动线重复，毫无隐私可言。

阳台

主卧

主卧路线

客餐厅

主卫

客厅路线

厨房

玄关

次卧

入户门

改造重点

1. 原有主卧门洞堵塞，将进出主卧的路线与进出客厅的路线分离，保证主卧室隐私。

2. 改变卫浴门的位置。

格局改造核心

主卧门洞"堵死"，
完整客厅空间更舒适

　　主卧的门原本开在了客厅电视背景墙的位置，这样进出主卧都要路过客厅，同时在客厅就能看到主卧的情况，两个空间被互相打扰，没有隐私可言。改造后将主卧原有的门"堵死"，新门洞开在离卫浴近的地方，既能与客厅空间分开，也能使盥洗活动变得便捷。

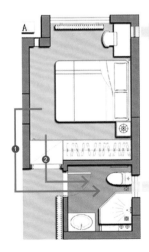

❶ 改造前主卧室到卫浴要绕很大一圈

❷ 改造后主卧到卫浴距离很短、很方便

空间设计细节

▲入户第一眼便可看见粉色沙发，空间一下便皮了很多；墨绿色丝绒单人沙发以及金色大理石茶几也搭配得恰到好处，将梦幻和精致完美融合

▲结合餐厅旁的一扇小窗，利用极简造型的金属吧台和吧椅，打造成窗边酒吧台，既能迎合餐厅清新、精致的氛围，也能装点空间

▶浅粉色的文化砖，搭配白色餐桌，粉色和墨绿色餐椅配置其中，金色吊灯与餐桌椅的金属质感，使餐厅增加了精致与生机

▲ 由于客厅与餐厅之间多了一扇小窗，所以空间设计上选择了不同于一般客餐厅的一体化设计，在中间的小窗前做了吧台设计，充分利用小窗营造出了一个亮眼的休闲区

◀ 粉色厨房让人看了简直少女心爆发，看上去配置非常普通的厨房，因为粉色墙砖的使用，有了不一样的感觉

动线优化案例 4：
打通过道，动线变一变，
房子变成游乐园

设计公司·禄本设计
设计师·洪茹
户型面积·142m²

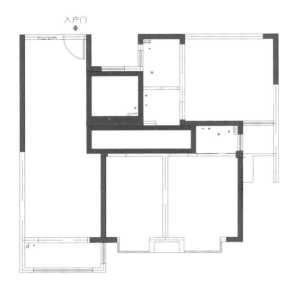

户型问题

1. 两间卧室面前有一条空间过道。
2. 厨房太小，下厨很不方便。

改造重点

将厨房打造成半开放式，串联餐厅、客厅、卧室，打造回字动线，且消除了狭长过道。

格局改造核心

回字形动线，让家变成游乐场

打掉原本封闭厨房的墙壁与门，将厨房两边打通，做成半开放式空间，巧妙打造出回字形动线，不仅可以串联客厅、餐厅、厨房的动线，还使公共区域到三个卧室和卫浴的动线也变得四通八达。

餐厅

过道

　　厨房两侧墙壁打通之后，半开敞格局为没有窗户的餐厅增补光线，同时在餐桌旁设立一个操作岛台，简单的餐食准备，或食材整理放入冰箱等活动都可以在这里进行。

　　在对过道设计时，将过道与次卧相邻的隔墙内移，嵌入整体式的储物柜，在上下悬空的地方装入灯条，这样方便日常清洁，也能为昏暗的走道增加光线。

客厅

　　客厅的位置紧邻餐厅，开放式设计使客餐厅的空间看起来无比宽敞，同时使客厅的光线能被很好地引入了餐厅。

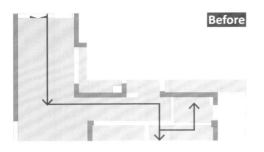

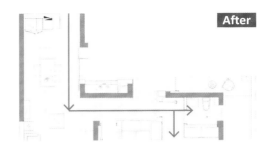

改造前从玄关到主卧及主卫的动线　　　　　　　　改造后从玄关到主卧及主卫的动线

直来直往的动线非常省事

　　主卧与次卧以及厨房之间原本有一条过道，经过改造后，将主卧原本的门和墙壁拆除，把过道的一部分纳入主卧室，重新砌墙、安装门，原本从玄关进入主卧及主卫时，需要拐好几个弯才能达到，改造后只需要拐一次弯就能进入主卧及主卫，动线变得非常简洁、明了。

空间设计细节

▲ 玄关、客厅、餐厅没有做明显的分隔，这样的设计让整个空间看起来更宽敞

▲ 客厅的设计简洁大方，没有多余的家具和装饰品点缀，在简单之中保持最真实的需求

▲主卧设计具有简约韵味，简单清爽的顶面、墙面造型，没有用特别多的家具装饰堆砌

▼主卧没有选择笨重的独立式衣柜，而是在进门的右手边墙面定制了样式简洁的白色衣柜。衣柜底部预留了很大的空间，让日常清洁变成轻松而简单的事情，再也不会有扫地机器人进不去衣柜底下，或需要卧在地上才能清理到衣柜底部灰尘的烦恼

▲在墙上设置隔板，地上摆个凳子，就能立马拥有一个小工作台，没有额外占用空间，但又让主卧多了一个可以进行工作、学习、阅读或化妆的地方

▲ 床头柜选择实用大方的款式，随手放些小物件都当方便。小台灯的距离也能满足照明需求。右边没有选择床头柜而是摆放了小书桌，不仅能办公还能当作女性的梳妆台，满足了不同需求

▲ 利用墙壁内嵌不仅能解决电过道小的问题，深色墙面能很好解决因墙壁凹陷带来的视觉冲击。高箱储物床也是小户型的储物神器，床下可以在换季的时候摆放不用的棉被和厚重衣物

优化功能空间的使用率，
让"家"的价值最大化

对于一些面积有限，但对空间功能需求较多的家庭来说，如何将空间的使用率最大化显得尤为重要。另外，有些户型本身并没有太大缺陷，但由于家庭成员的变动，出现了原本充裕的空间如今却不够用的情况。这些问题的出现，最好的解决办法就是充分挖掘空间的使用功能。

大空间分割法： 若原始空间的面积充裕，或某一空间面积过大，可以通过加建隔墙的手法，来塑造出一处独立空间，此种方式比较适合对空间独立性和私密性要求均较高的家庭。

Before　　　　　　　　　　　**After**

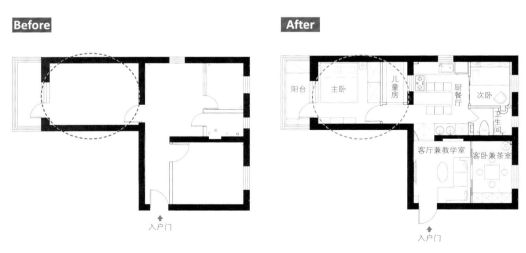

▲由于家中的宝宝到了分床睡的年龄，因此将原始户型中唯一一处方正且面积相对较大的空间分隔成主卧和儿童房，主卧依然可以摆放大衣柜，丝毫不影响收纳，同时隔内的收纳更方便更加顺畅。

　　多功能空间塑造法：面积有限的家庭应尽可能将一个空间规划出更多的可能性，如书房也可以当客房使用，或儿童房也是一间休息室等，这样的设计不仅可以使空间功能得到充分发挥，也可以在有限空间中得到更多的生活体验。

① 书房可以兼用为琴房
② 书房可以同时满足会客功能
③ 卧室附近的阳台可满足工作需求
④ 客厅同时兼顾书房功能
⑤ 厨房同时可以满足工作需求

功能优化案例 1：
一间房的多种用途深挖掘，
"三室"变"六室"

设计公司·末那识设计
设计师·赵子叶
户型面积·120m²

入户门

卧室

工作室

卫生间

客厅

厨房及餐厅

玄关

书房

入户门

户型问题

1. 三室两厅的房子，室内空间并不算少，但难以满足业主多方位需求。

2. 原始空间中的隔墙较多，难以满足业主对于开放式格局的需求。

改造重点

1. 充分挖掘一间屋的多种功能，赋予空间多功能性。

2. 拆除无用隔墙，释放空间，营造室内通透感。

格局改造核心

不光是书房，
还是茶室和客卧的多功能房间

打开推拉门，一侧顶天式书柜，拥有超大的收纳容量；另一侧的长条书桌，配合狭长的房间格局，减少横向空间的占用。从表面上看只是书房空间，在走到窗边后才能发现榻榻米，在利用窗台下的空间和超棒采光之后，书房又可以成为休闲用的茶室，若将榻榻米上的小茶几移开，榻榻米就成了一张床，书房又可以变身成为客卧，或是将来有宝宝后，可作为来帮忙照顾的父母的卧室，实现了一间房多用途的功能。

既是工作室又是衣帽间的双重用途房间

　　户主姑娘是个皮具手工爱好者，但也是个喜欢打扮爱美的女孩子，所以将户主所喜爱的两样东西——皮具和衣服都放在了一个屋子里，让房间既可以是做皮具的工作室，又可以是收纳衣物的衣帽间，不仅赋予了房间双重的用途，也给户主带来了双重的快乐。

空间设计细节

▲ 定制挂画和立体绿墙的背后，分别是强电箱和弱电箱，位置尺寸极为端庄，用一块隔板为两个区域形成过渡，平衡不和谐的画面

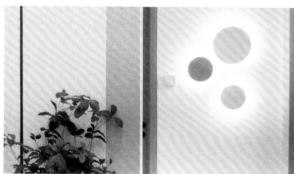

▲ 入门的感应灯设计，一回家看见的不再是黑洞洞的画面，打开门的瞬间就有温暖的灯光亮起，让回家充满了仪式感和温馨感

▲ 玄关储物柜采用了壁挂形式，一是便于扫地机器人活动，二是为了和沙发背景的挂画达成一个完美的立体构成

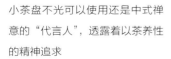

小茶盘不光可以使用还是中式禅意的"代言人"，透露着以茶养性的精神追求

胡桃木茶几沉稳雅致，地毯也是水墨感，会给空间一丝沉稳，显得更有文化底蕴

沙发后的挂画是董其昌的《翠岫丹枫图》，营造出浓浓的中国风

▲电视背景墙采用的硅藻泥肌理＋不锈钢条＋少量石材塑造而成，传统材质与现代材质的融合，韵味与潮流兼得

▲阳台一侧板设置成狗舍，镂空的底柜由于通风较好可以收纳一些狗粮，而上半部分的异形设计，充满了线条感和设计感，加上小造型的绿植装饰，十分符合中式禅意的墙景

▲阳台另一侧同上采植物让使门打造简约室内外相持简生动的室内环景，给人带下时刻的宁静，也展现了居住者不一样的审美情操

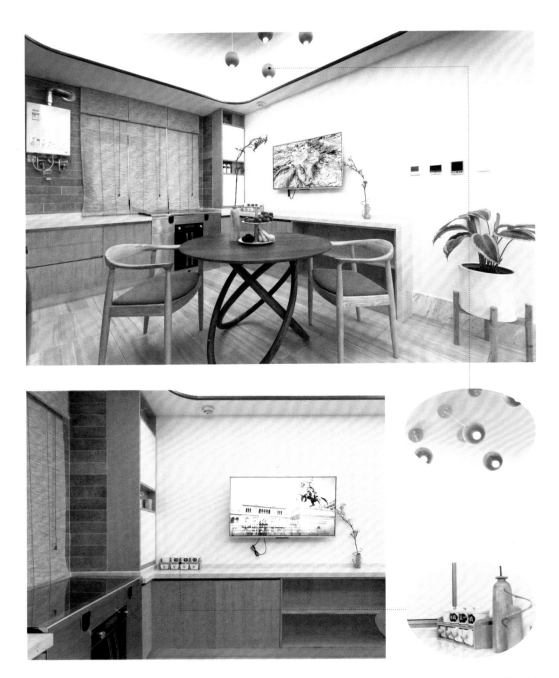

▲空间没有过多的装饰点缀，仅仅以木质的小圆灯和木质调料架作为细节处的装饰，实用又美观，保持空间的整洁度又不乏细节感

▲主卧的衣柜也是中式感十足，非同寻常的柜门造型，其柔和的曲线线条和半开放的隔板造型如"犹抱琵琶半遮面"的美人一样，含蓄又鲜明

▲卫浴的绿色花纹瓷砖拥有独特而个性的中式美感，线条同样鲜明的按摩浴缸带来视觉与身体上的双重享受

▲卧室的淡雅色彩组合线条圆润的实木材质家具，展现出中式风格的古朴、柔和。同时，融合现代感的水晶、黄铜吊灯为主卧增添年轻、时尚的气息，而墙上的水墨挂画又将氛围拉入充满中式韵味的空间中

功能优化案例 2：
重新界定使用区域，
小空间也能多出一间房

户型面积　85㎡
设计师　何亚娟
设计公司　绣安设计

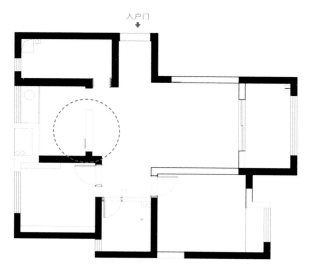

户型问题

1. 入户门正对卫浴，毫无隐私可言，比较尴尬。

2. 餐厅位置尴尬，若采用临近厨房的独立空间，则空间利用率低；若餐厅置于客厅，为一体式客餐厅，面积又显局促。

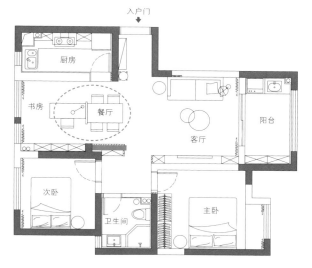

改造重点

1. 将次卧与餐厅的隔墙延长，为入户门与卫浴之间做好隔断。

2. 独立餐厅的隔墙拆除，形成通透空间，且满足业主对于书房的需求。

格局改造核心

延长隔墙，避免一进门就看到卫浴

延长次卧与餐厅之间的隔墙之后，一进门就看见卫浴的尴尬就消失了。

打掉隔墙，进餐、阅读一间两用

打掉餐厅隔墙，充分利用玄关到卧室之间的走道空间，将餐厅位置外扩，使餐厅面积增加，扩大餐厅面积。同时，放入书桌和书柜，利用镂空隔断将餐厅空间一分为二，充分利用了空间，为男主人提供了一处独立的办公空间。

空间设计细节

▲ 餐厅隔墙的延伸，使家中无故多了一截白墙，为了避免甲醛，运用色彩丰富的装饰画装饰墙面

▲ 条状隔断以最直接的状态分隔书房和餐厅空间，视觉上形成隔而不断的效果

▲ 主卧空间有限，摒弃了常规的单一床头柜的组合形式，改以一张平和软凳作为床侧的床前设计，软凳可床 贴近，既能做成床头柜使用，放置一些小物，平时美上物，闲天的时候，软凳也可以充当懒椅子的作用，满足休憩、休闲需求

◀本图的设计延续了卧室干净利落的配色和配置，黑色实木床头和旁边木床头让整个卧室的素雅，极致的简约感却不显单调

▲如果阳台空间有限，又喜欢摆弄花花草草，那么可以选择铁架和储物格的组合，铁架和储物格的搭配比较随性，可以依据使用习惯来安排，摆放花草盆栽或是杂物皆很合适，且能够呈现出随性而不凌乱的效果

优化室内采光，
明亮的家居让心情更放松

　　明亮的居住环境，可以使心情更加放松，同时有助于身心健康。但有些户型存在一些暗间，或者光线不足，这就需要通过一些设计和改造手法来改善室内采光。针对室内采光不足的改造手法，常见的有：巧借临近空间的光线塑造开放式空间等。但如果不想大动干戈拆墙，可以尝试从以下几个方面对室内采光进行补救。

　　擅用色彩补救： 空间中大面积的背景色适宜选用白色、米色等浅色系，这些色彩可以起到良好的补充光线的效果。同时，一定要避免暗沉色调及浊色调的大量出现。另外，家具一般承担了家居中的主角色，因此色彩明亮的同时，材质最好带有光泽度，且体量不宜过大。

　　擅用组合照明： 如果空间昏暗、无光，没有窗户，可以通过灯具组合照明的方式来补光。例如将主光源和辅光源相互配合，选用轨道灯、筒灯、落地灯、小吊灯、台灯、壁灯等，跟主灯搭配成家里的灯光布局。

▲ 背景色和主角色均十分干净，且家具体量小巧，使　▲ 玄关采光不好，利用顶面主灯与柜下灯带组合补光
原本采光不佳的小空间显得轻盈

擅用抛光砖：若房间采光效果不佳，可以选择抛光瓷砖来铺贴地面。这种瓷砖看起来就像是小镜子，大量铺贴可以在一定程度上使房间变得十分明亮。

多样化的瓷砖拼贴方式

▲六边形铺贴法　　▲组合式铺贴法　　▲人字铺贴法　　▲圆案铺贴法

擅用镜面装饰：镜子具有反光的功效，可增强光线反射。若加以合理利用，不仅能让室内光线充足，还能从感官上放大居住空间，无形中升华格调。设计时可以选择款式多样的装饰镜来为空间增加光线，也可以选择适合的墙面定制整面镜子。

▼床头背景墙上的装饰镜不仅可以为空间增补光线，其个性的造型也装点了空间

▲整面沙发背景墙为镜面玻璃，改善客厅光线的同时又有增大空间感的作用

采光优化案例 1：

打通空间，功能挪移，
我家也能有阳光房

设计公司：嘉合缘室内设计师事务所
设计师：肖丽
户型面积：100m²

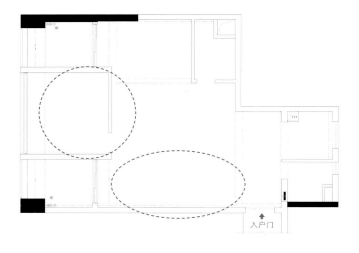

户型问题

1. 原始空间的格局规整，但无用隔墙较多，令阳光没有良好的贯通性。

2. 空间面积较大，但功能空间较少。

改造重点

1. 拆除无用隔墙，令阳光漫溢到空间的各处角落。

2. 重新界定功能空间，为空间增加更多实用性。

格局改造核心

分隔门融入墙面设计，整体性更强

原始户型中，客厅被规划在没有直接采光的中心区，面积虽大，但光线不足。在改造时，将空间中的部分隔墙拆除，且将客厅设置在有大面积采光窗户的附近，成功破解原有空间采光不足的问题。另外，由于在客厅背景墙的后方空间中，规划了生活阳台和儿童房，因此整个电视背景墙全部采用木饰面，且涂刷同色漆，将两个空间的房门进行了巧妙融合。

角落的卡座设计惊喜满满

原始户型中，临近窗边的顶部有一处低梁，改造时进行了遮挡处理，由于拆除了部分墙体，因此客厅沙发区的后部空间多出了一处休闲空间，并在此设计了一个卡座，不仅弱化了低梁的压抑感，同时多出一些储物空间便于收纳。在阳光洒进窗来的午后，泡上一壶花茶，一个人安静小憩也好，一家人阅读交流也好，或是和闺蜜畅谈人生，皆是享受。

一体化客餐厅，光线满分

　　改造后的客厅与餐厅没有特别的分隔，为的是让空间整体最大化，同时把光线均匀地分散到餐厅中来。餐厅的卡座处增加了一面不大的屏风，和客厅阅读区的卡座有所呼应，似乎也巧妙地充当了客餐厅之间的小隔断。一群朋友来时有人可以靠着卡座，有人可以坐卧在客厅的矮凳或躺椅上，增大了互动空间。

为主卧注入更多功能，满足生活便捷性

重新规划户型之后，使主卧增加了卫浴和衣帽间两处功能空间，大大提升了生活的便利性。同时衣帽间还为家居生活带来了不一般的储物能力。

定制家具界定空间，多出一间房

利用定制家具界定出的多功能房，既可以当作书房使用，也可以作为临时的客卧。充分利用了空间，让家中成功多出了一间房。

加入本书 /户型改造交流群/　　　家居风格测试/装修预算/改造实景图
掌握户型改造攻略 打造理想户型/　　　入群指南详见本书第194页

空间设计细节

◀玄关运用整排
鞋柜储存大量鞋
物，靠近门的柜
子故意做高，用
以收纳平时穿过
一两次又不想放
进衣柜的外套，
且出门顺手就能
拿取。进门右边
配备一张出色的
青的换鞋凳，个
性十足，起到画
龙点睛的作用

◀电视背景墙看
上去大气整洁，
没有多余装饰，
而客厅中的家具
则大多采用深色
系，形成对比，整
个空间给人感觉
沉稳又不显沉闷

◀蓝色大躺椅，在空间里带有一些轻奢主义，色彩没有过度孤独，更添一份优雅。搭上暖黄色的靠枕及搭毯的点缀，它们之间的微妙作用产生对应

◀沙发背景的书柜兼具功能与美观一体，不仅可以展示主人的陈列品，还是一方阅读的天地，一家人可以在这里交流，所谓"读万卷书，行万里路"正是从家开始

◀让孩子拥有独立空间绝对是必要的。这间儿童房不同于以活动式家具和缤纷色彩设计而成的常规男孩房,而是按照房间格局样式定做整体书柜,以孩子的海报、小提琴做装饰,能够让孩子享受自在时光的小天地

▶厨房上下柜采用了木质感较强的板式柜体,和地板砖呼应得极好。油烟机为全自动感应,只要一挥手就能使用,酷劲十足

▶厨房外的走廊定制了整排柜子,收纳功能强大,同时煮咖啡、榨果汁、泡茶的功能在此统统得以实现

▲男孩房的窗户对面就是在原客厅里圈隔出来的多功能房,为了让对面多功能房能够有良好的采光及通风,特地在这个上方增加了一扇小窗

室内阳台的用色非常大胆，大面积蓝色系注入了清凉感，与富有生机的绿植搭配和谐

采光优化案例 2：
拆除无用隔墙 + 巧借光线，没有窗户也能把阳光带进家

设计公司 · House Design Studio
户型面积 · 85m²

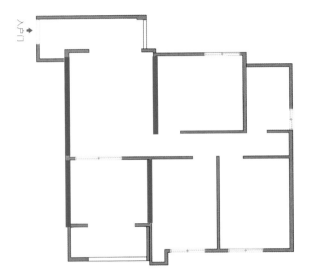

户型问题

餐厅不具备提供直接光源的窗户，会出现采光差的情况。

改造重点

1. 拆除餐厅隔墙，形成开放式客餐厅。
2. 设置阳台玻璃推拉门，增加光线。

格局改造核心

开敞式餐厨空间，不阻碍客厅光线照射

简约开放式的餐厨空间，令视觉更通透，最大化地保障自然光线进入室内。无隔断的设计方式也会令动线更流畅。

开敞式垭口玄关，为客厅增补光线

玄关空间内有一面小窗，所以客厅与玄关之间保留了垭口的设计，为客厅靠近入户门的一侧增加了一些采光条件。

空间设计细节

▲ 利用边角空间摆放集收纳与使用一体的多功能定制家具，清新的色彩搭配加上简单可爱的装饰摆件，一进门就有好心情

▲ 靠墙设计的置物架没有占用过多的空间，也不会阻碍光线的渗透，蓝色管架部分使原木色的配色看起来不那么寡淡无味，反而多了俏皮的感觉，超大收纳陈设的作用，解决了储物空间不足的难题

▲ 为了保证室内的采光和通透感，客厅没有使用过多的家具和顶面地面设计，但为了避免单调，电视背景墙做了简单的拱形造型，以浅蓝色作区分，使客厅气氛变得可爱清新起来

▶ 将餐厨空间开敞后，厨房成一字形设置，沙发一侧的墙面与沙发之间用隔断分隔，保证了公共区的采光同时又不浪费空间

不想拆墙，也能增加亮度的妙招

　　想要空间显得更加明亮，正确运用色彩就能实现。房间的采光不好，可以通过色彩来增加采光度，如选择白色、米色等浅色系。大面积的浅色系会很好地改善空间采光不足的问题，能够调节居室暗沉的光线。但大面积浅色地面难免会令空间显得过于单调，因此可以在空间的局部加重点色点缀。

❶　局部重点色点缀　　❷　大面积的白色

采光优化案例3：

不装门，
没有窗户的格局阳光满到溢出来

设计师·方天天
户型面积·84m²

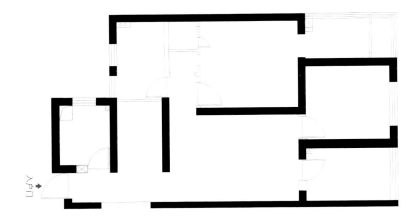

户型问题

客餐厅没有窗
户，接受不到光线
照射，主要空间的
采光较差。

改造重点

1. 拆掉书房门，
做开放式格局，为
客厅引入光线。

2. 餐厅与卫浴
隔墙做内凹造型，
增加卫浴面积。

格局改造核心

拆除客厅与餐厅隔墙，增补餐厅光线

　　餐厅与客厅之间的隔墙阻挡了一部分的光线射入，使原本采光条件就差的餐厅变得更加昏暗，因此拆除客餐厅之间的隔墙，不仅能使空间看上去宽敞一些，不显拥挤，还能为餐厅增加光线。

无门书房，让自然光线最大限度地进入客厅

　　书房拥有面积较大的窗户，采光相对充足，对于没有窗户的客厅而言，书房是能为客厅提供光线的最佳空间，所以书房不做门或屏障等，让光线自由地穿梭在两个空间中。

不规则隔墙最大化利用空间

　　卫浴与餐厅相邻，为使卫浴能放下洗衣设备，因而使用不规则的隔墙进行空间的分隔，餐厅隔墙凹陷的部分可以放入冰箱，完美地解决了厨房空间不够的问题，而凸出的隔墙进行挖空，做成拱形收纳墙柜，为餐厅增加收纳功能，视觉上也不会有凹陷或凸出的不平衡感。

空间设计细节

① 主卧没有单独的窗户，所有的光线都依靠与其连接的一个小阳台，因此在连接的部分，使用了与乡村风格搭配、看起来可爱的拱形门，以白色带民族刺绣的纱帘作为分隔，保证阳光的自由进入

② 儿童房的风格完全以英式乡村风格为主，蓝白红的竖条纹壁纸和乳白色护墙板展现出浓厚的乡村感，竖条纹也使房间从视觉上纵向高度被拉高，缓解窄小感。为了让不太宽敞的儿童房不显拥挤，使用了镂空造型的置物架，视觉上看起来更加轻盈不厚重

③ 书房的窗户是客厅、餐厅空间光线来源最主要的空间，因此在书房的家具布置上，避免将家具摆放在正对窗户的区域，尽量将书桌和书柜靠两侧的墙摆放，这样才能保证光线不会被阻碍

找准收纳方位，
让家中的物品都有合理安身之处

　　很多居住者都会认为家中的收纳做不好，是由于空间面积狭小，或自身不懂收纳方法造成的。但事实上，在装修之前若充分考虑到家庭成员的生活习惯，以及购物爱好、物品种类数量、使用频率的多少等问题，就可以打造出更适合家人的收纳空间，从源头解决家中的收纳难题。

　　制作家人收纳需求表：在装修之前，可以列出家中需要收纳的物品清单，然后调查一下家人希望收纳的方位，根据需求在室内空间中的相应位置设置收纳家具或物品。

	物品	希望收纳方位		物品	希望收纳方位
1	帽子和手套		16	家用工具箱	
2	出门穿的外套		17	家用药品	
3	抽纸、卫生纸		18	熨斗、挂烫机	
4	备用纸袋、垃圾袋		19	收音机、相机	
5	储备零食		20	筷子、餐具	
6	洗漱用品、化妆品		21	调料、碟子	
7	买多了的日用品		22	桌布、餐桌垫	
8	病历单、发票		23	存储食品	
9	指甲刀、挖耳勺、体温计		24	不常穿的鞋子	
10	家庭主妇用的文具、笔记本		25	换季衣物、床单被罩	
11	家用电器盒子、保修卡		26	储备棉被、夏凉被	
12	家庭用书		27	应季用的暖风机、电风扇	
13	孩子用书		28	体育器材	
14	孩子玩具		29	不常用的凳子	
15	纪念册、照片				

找出家中的收纳方位：想要满足家中的收纳需求，大容量的收纳柜必不可少，相对于成品柜，定制柜体可与家居空间完美契合，保证空间的最大化利用，同时对于需要收纳的物品也能提供最匹配的收纳方位。另外，卡座、榻榻米等也是提升收纳量的好设计。

① 在阳台小空间设计收纳型卡座
② 定制榻榻米和书柜，收纳和实用功能齐全
③ 餐厅卡座满足就餐功能，也具备收纳条件
④ 大容量的定制柜满足不同收纳需求
⑤ 抬高的睡床下的空间和楼梯都可以用柜收纳

收纳优化案例 1：
过道定制柜子，
装出收纳新高度

设计公司·晓安设计
设计师·周华东 许琪 南昇
户型面积 88m²

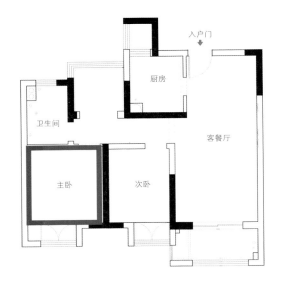

户型问题

　　主卧面积较小，放不下衣柜，想要的储物空间不够。

改造重点

　　将最小的房间做成储物间，收纳衣服和家居杂物，并在过道做收纳柜增加过道价值。

格局改造核心

赋予过道收纳与展示的功能

家中如果没有足够的空间可以进行收纳，千万不要忽略过道的作用。过道不仅仅是行走的空间，也可以规划出一面墙做收纳，可以是简单隔板做成展架的样式，也可以是几个置物柜，或者将两种收纳方式结合，这样过道一方面具有了收纳功能，另一方面也可以展示出居住者的收藏与爱好。

空间设计细节

① 餐厅的布置，抛弃了单调的"电视—茶几—沙发"的传统布置，餐厅里没有放电视，而是根据居住者需求，摆放了一张书桌，这样在餐厅也能进行工作或学习

② 卡座的下面也是绝妙的储物空间，存放物品，可收可放，卡座地垫拉做得好看又不落俗套，清新温和

③ 餐厅卡座的设计相比放置相同的餐椅可以节约不少的空间，对于餐厅面积较小的房间而言，绝对是好看又节约的设计

收纳＋实用，不止一个功能的心机装饰

　　室内家具和装饰小物的选择都充满了细节。线条纤细的家具减少了厚重感，还具备隐形收纳功能；角落处看似随意的小物件，不仅美观，还可以辅助收纳，着实"心机满满"。

收纳好物

铁艺置物筐

茶几？置物筐？傻傻分不清楚？那就既把它当作茶几又当作置物筐来使用吧，一物多用，节省的不仅仅是家里的空间，还有口袋里的银子。

收纳好物

梯形展示架

小型的梯形展示架可以放到室内的任何地方，自带层次感的设计，即使放的不是绿植盆栽，也能有不错的视觉效果，简直就是收纳与装饰于一体的好物。

收纳好物

附盖收纳箱

收纳箱是储物最好的神器，但最好选择颜色、样式成套的收纳箱，这样摆起来比较整齐统一。

收纳好物

悬挂式衣架

可以悬挂日常穿着衣物，使用方便，且丝毫不占用空间。当不使用时，也能作为一个独特的装饰元素。

收纳好物

S形挂钩

遵循"能不落地的都要上墙"的原则，把凌乱的厨房用具通通挂上墙，节约了一半的台面空间，做菜再也不会小心翼翼不敢大展身手了。而S形挂钩样貌简洁、大气，也不担心露在外面会难看，反而有一丝专业的味道。

收纳好物

衣帽挂钩

比衣帽架更节约空间的一定是衣帽挂钩。多样的造型，可以根据实际需要选择数量，是好看又实用的收纳神器。

收纳好物

换鞋凳

没有足够的空间放鞋柜，那就在玄关摆一个换鞋凳，底部一层的设计可以收纳鞋子；而凳椅的设计使出门换鞋也可以坐着完成。

收纳优化案例 2：
增加柜体数量，
让房屋容量增加 70%

设计公司：Bigfish Design
户型面积：60m²

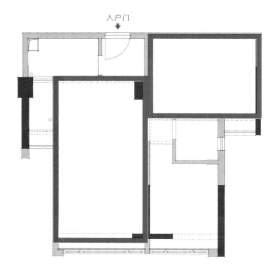

户型问题

整个户型相对比较规整，但每个功能空间都呈狭长、窄小的形态。

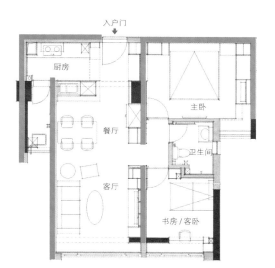

改造重点

利用双面墙柜代替普通隔墙，令狭长空间也可以拥有较多的收纳空间。

格局改造核心

双面墙柜划分客厅、卧室界限

户型中最大的一片收纳墙是围绕主卧室的一片 L 形墙柜，它划分两个了卧室和客厅的界限，复合了衣柜、空调机位、床头柜、书架、鞋柜、换鞋凳、嵌入式冰箱、嵌入式微波炉、电视墙、电视柜、穿衣镜和诸多储物抽屉和储物柜，内部划分每处都不相同，形象上它只是一面干净的有着某种划分的大白墙，改善之后，得到了巨量的储藏区。令空间设计好像什么都没有发生一样，但那些生活物件已经被悄然"植入"其中。

空间设计细节

◀ 古人通常借助园外景观来衬托园内景物，从视觉空间上来扩大园内的有限景界，现在我们同样可以借鉴古人的做法，利用大面积的造型窗，把视线向外延伸

▲ 在内部空间之中，如果采用敞开式或半开放式格局来达到空间的贯通、融合与延伸的效果，使两个空间中的景物你中有我，我中有你，浑然一体，整体显得更加宽敞、开阔

▲狭长的小户型应避免体量较大的家具，小巧轻便的家具能带来舒适的使用感，在视觉上也不会让空间变得拥挤

▲厨房部分的储物柜体复合了鞋柜、洗衣机、橱柜、储物吊柜，最终围合出开放式厨房的外部形象

▲墙面浅、地面略深的色彩搭配，可以降低空间重心；而浅色系的墙面具有膨胀效果，使窄小的空间显得宽敞

收纳优化案例 3：
能上墙的都上墙，
空间通透，储物量剧增

设计公司：肖丽设计
设计师：肖丽
户型面积：163m²

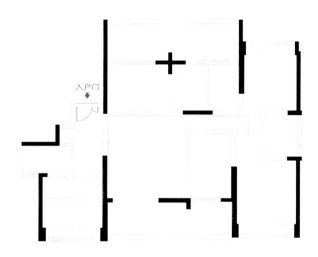

户型问题

房间数量虽然多，但家庭成员也较多，没有多余、单独的房间进行收纳。

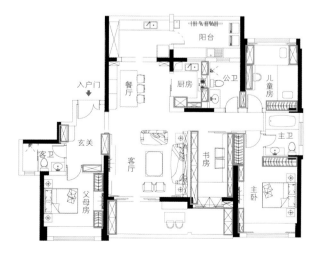

改造重点

在适当的空间中增加柜体数量，令空间的储物量翻倍。

格局改造核心

做好收纳，让客厅成为家中的阅读区

沙发背景墙面以定制收纳柜为装饰，顶部的分格与草编收纳盒展现出乡村感十足的美式风情，两旁的书籍收纳，则赋予了客厅阅读的新功能。

隐藏在卡座下的收纳空间

卡座的设计已经为餐厅节约下了不少的空间，而卡座下还带有抽屉，无形之中又为空间增加了储物容量。餐厅与厨房之间没有门，看似合二为一的两个空间，实际上以两个角落收纳柜作为分界，整体看上去既有分隔又有联系，还有不容小视的收纳力。

不靠衣柜的卧室收纳

　　卧室的收纳主要是依靠衣柜，但如果卧室本身面积就不大，再要放置容量大一点的衣柜就会很占地方，如果将卧室的收纳空间转移到飘窗下和背景墙上，那么就能在不占用过多卧室空间的前提下，拥有多几倍的收纳空间。

强大的墙面收纳，
两个孩子一个房间也不乱

由于两个孩子要共用儿童房，为了能让每个孩子都拥有独立的床，又不会使空间变得拥挤，因此选择了榻榻米床。靠墙放置的榻榻米床，没有浪费一点空间，反而为卧室中心预留出一片空闲区域，方便孩子玩耍、行走。榻榻米床的下部可以收纳衣物、杂物等，实现多功能用途。靠窗的榻榻米床还带有组合的顶柜和墙柜，摆上好看的收纳盒，既有装饰意义，又能收纳一些暂时用不到的玩具、学习书籍等。

多格衣柜实现分类收纳

带有较多分格的衣柜可以进行更细致的分类，例如夏装、冬装可以装在不同的格子里，需要哪类衣物可以只打开其中一个柜门，对于有两个孩子的卧室而言，可以共用衣柜但又不会使衣物混在一起，两个人可以同时使用衣柜而不会混乱。墙上隔板和开放墙柜，可以摆放一些喜爱的装饰玩件或杂志书画，一来可以装饰房间，二来可以随时随地拿取。

整体式墙面家具为狭长书房带来超多容量

　　书房的格局狭长，因此为了避免横向占用过多空间而造成拥挤感，书桌、书柜均使用整体式的设计，靠墙布置的形式，不占用空间也能保持整洁感，同时又能提供超大的收纳空间。

定制玄关柜辅助完成细部收纳

　　吊柜与鞋柜能做到最大限度的收纳，两者的中空处还可以放一些摆件、收纳篮和置物盘，从而使物品有序收纳，空间合理运用，同时白色也能给人带来清爽的感觉。

空间设计细节

▲餐厅相对较大，但没有使用过多的家具布置，而是使用餐厅卡座搭配实木长桌、餐椅的组合方式，留有更多的活动空间

◀客厅以浅色为基底，经典深褐色家具为主导，烘托出美式风格。暖色系的灯光，再用绿色植物、素雅的窗帘、精致的摆件点缀，充分展示了美式家居风格中舒适、休闲、憧憬及浪漫的氛围

▲位于餐厅一侧的开放式西厨，补充了中厨的部分功能，大烤箱及大容量收纳柜的配置，令这里成为一家人打理制作甜点、面包的好去处

▲中厨不光可以多使用橱柜和吊柜进行收纳，台面上也可以使用收纳篮对刀具、调料等小东西进行收纳

▲一体式陶瓷洗脸台，更易清洁，下方的收纳柜可以收纳日常用品

▲过道的搭配以少而精为好，可搭配挂画装饰，挂一幅好的墙画能丰富层次，为家打造不一样的风景

匹配潮流审美，
让家告别"老、土、旧"

　　时代在发展，室内空间对于美的需求也随之发生着不同变化。除了拆除不合时宜的电视背景墙或吊顶，更换花纹不流行的壁纸等改造方法之外。利用软装为空间"驻颜"，既省时省力，又极容易出效果。

1. 多样化的照片墙布置方式

　　照片墙的取材可以很广泛：照片墙并不仅仅是把照片放到墙上，它也可以是画作、海报，以及喜欢的电影宣传内页或是杂志封面，只要可以想到的，都可以成为很好的平面装饰品。当这些平面装饰品通过看似随意实则精心的排布之后，就形成了我们常见的照片墙。

▲ 亲手制作的手工制品　　　　▲ 恋爱的甜蜜合影照片　　　　▲ 孩子的绘画作品

照片墙的布局方式： 每次看到别人家的照片墙好看又灵活，轮到自己做照片墙，效果总是差强人意，不是太乱就是太死板。实际上，照片排布看起来很随意，实则也是有规律的。

▲ 九宫格　　　▲ 相同间隙　　　▲ 轴对称型　　　▲ 环绕型　　　▲ 轴线性

2. 小装饰品带来改变空间氛围的神奇作用

有些角落看起来很整齐、很低调，说不上哪儿不好，但就是不出彩，在经过些许改动以后，会有"原来这么改动效果就这么好的"的感叹，所以当你对家居氛围改造无计可施时，可以学习一些装饰物的布置法则。

布置法则之"前小后大"： 把小件的饰品放在前排，这样一眼看去能突出每个饰品的特色，层次分明，在视觉上会很舒服。

布置法则之"色彩呼应或对比"： 装饰品的色彩最好与周围家具或墙地面色彩是相同色系，这样视觉上有统一感。也可以选择一两件能与空间有对比的比较艳丽的饰品，用以带来活跃感。

布置法则之"尝试多个角度"： 摆设饰品时不要期望一次性就成功，可以尝试多调整角度，有时将饰品摆放得斜一点，会比正着摆放效果要好。

软装优化案例 1：
软装隔断，
我家成了艺术博物馆

设计公司：末那识设计
设计师：赵子叶
户型面积：92㎡

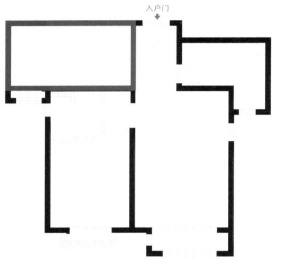

户型问题

原始户型的格局比较方正，没有过多问题，但若想在次卧中加入书房功能，则空间面积受限。

改造重点

将次卧改造成集休息和工作为一体的多功能空间，不做墙体分隔，而是结合软装作分区。

格局改造核心

▲加入低矮的小边柜作为两个空间的分隔，减少窄小感，同时也可以收纳一些茶饮用品

◀靠近榻榻米一侧的白色纱帘，透光不透视。平时拉开，不影响小空间的采光；休息时拉上，则拥有了独立的隐私空间

饮茶相谈＋休憩放松的多功能次卧

原本的小次卧靠近玄关附近，所以私密性相对较差，所以将空间一分为二，一部分作为饮茶交谈的休闲书房使用，一部分以榻榻米的形式作为客卧使用。同时，隔断运用玻璃，避免设置隔断墙占用空间，也令空间更显通透。

空间设计细节

▲从顶面悬挂一面棉麻材质的门帘作为玄关与客厅之间的隔断，装饰效果突出又不占用空间，还能保护客厅隐私

▲棉麻的材质既能渗透一部分光线，又能保证通风性，可调节的长度，能适应各种需求

▲进门左手边的玄关柜可以用来收纳家人的鞋子，墙上的衣帽钉可以顺手悬挂出门使用的包包和雨伞；大幅黑白色的装饰画缓解实木家具和实木门带来的古板印象，增加现代感

▲复古感浓厚的收纳柜绝对是装饰空间的最佳家具，华丽又优雅的造型，一高一矮地摆放在电视柜旁，仿佛将悠悠的旧时光注入了空间之中

▲进门右手边没有放置过多的东西，为了保证里面小次卧的采光，仅以装饰性的家具和摆件为主，长条几案和大象摆件，线条利落又不乏装饰性

整个公共区域的空间并不大，客厅、餐厅包括阳台都以开放式融合在一起，但这样又很容易给人分区模糊的感觉。因此用不同色彩和材质的墙面作为分区媒介，如餐厅使用了砖砌背景墙，再以蓝色油漆覆盖，很容易就与客厅的白色水泥墙区别开来。而开放式的阳台与客厅之间以大花图案的布艺窗帘作为界限，拉开时两个空间合二为一，增加宽敞度

▲ 主卧的床头造型亮眼又独特，成为空间的一个视觉中心，弱化了空间窄小的感觉

纯黑色的大衣柜带有低调的品质感，呼应飘窗上的皮毛靠枕，流露出淡淡的华丽感觉

蓝底白花的床头柜是卧室复古感的来源，与充满现代味道的卧室设计形成鲜明对比

可移动的多头墙灯，晚上阅读也有充足的光线，简洁的铁枝造型，纵向拉长空间，让卧室显得更加宽敞

▲顶面、墙面、壁相均以玻璃制作，让窄
小的空间视觉上变得宽敞无比，镜面的光
线反射作用，即使是黑色系的空间也不会
有昏暗的感觉，反而使空间更有品质感

▲将洗衣机摆放在卫浴门口，洗完澡换下的脏
衣服可以直接顺手扔至洗衣机里，十分方便，
加上定制的收纳墙柜，充分利用了得一点空
间，为小家增加容量

▲厨房的格局不太规则，为了充分利用每一寸空
间而定制了带有转角的橱柜，契合空间的同时又
不造成厨房空间的浪费

▲带有收纳功能的榻榻米空间，没有繁复设计，
而是选择一面墙做简洁装饰，以一些特殊心意的
墙面小饰品装饰空间，就能拥有最佳效果

设计公司　双宝设计

设计师　张肯　周书砚

户型面积　180㎡

软装优化案例 2：

多彩照片墙，
把家变成最佳拍照地点

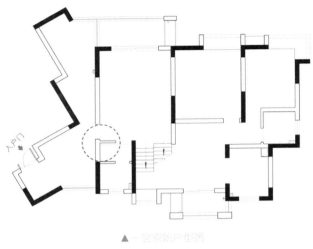

▲ 一层原始户型图

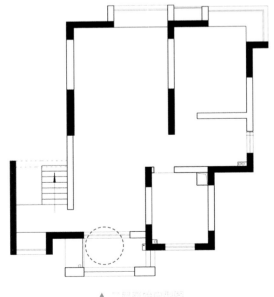

▲ 二层原始户型图

户型问题

  1. 入户进的客厅区域，不方正，同时不通透，视线不佳，行进路线不理想。

  2. 二层中的小会客区面积太小，无法使用，临近的阳台无实际用处。

  3. 二手房的原始墙面设计比较凌乱，具有年代感。

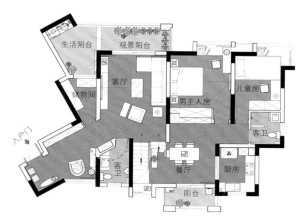

▲ 一层改后户型图

▲ 二层改后户型图

改造
重点

    1. 将入户过道右侧的墙体拆除，利用过道和卫浴的共用墙体，作了 45°斜角，同时还设置了一个储物柜。

    2. 将二层会客区和阳台之间的玻璃滑门更换成 V 型滑门，增加了会客区的使用面积。

    3. 对墙面重新铲除、涂刷，满足业主对照片墙的需求。

格局改造核心

Before

▲ 一楼玄关　　　　　　　　▲ 二楼书房　　　　　　　　▲ 二楼起居室

After

▲ 一楼楼梯背景墙（局部）

▲ 一楼客厅背景墙（局部）　　　　　　▲ 一楼玄关背景墙（局部）

▲二楼起居室背景墙（局部）

▲主卧书桌背景墙（局部）

照片墙既可以是装饰，也可以是闪光的回忆

原空间设计比较老旧，不符合现代化审美。在改造时，将墙面统一成白色，营造出干净、明亮的氛围。由于业主酷爱旅游及摄影，因此把各处旅行的照片裱在木色相框里，组合成照片墙，使之成为整个居室最出彩的地方，同时也珍藏了业主满满的回忆。

空间设计细节

二楼起居室沙发上的红绿抱枕，给空间带来了一丝复古味儿。沙发右侧的小高柜，满足了空间中的储物需求，半透明的玻璃模糊了收藏物的轮廓，映照出朦胧的浪漫感

▲ 主卧采用奶油朗姆酒棕的配色，轻中带红，温暖而柔和。搭配的藏青蓝'什么成色不居差，营造出安性。而墙面上装框的业主在俄罗斯的一组照片中，色彩也与饰品相呼应一，营造出一种复古、温暖的视觉

▲ 男主人喜欢海军蓝为主力军，摩登冷静，低柜、什么有礼充之感，如随着那眼面，种幻同彩摄，不可省产一起作为映衬，这些'相以服列有小宝量的绿色小端

▲ 玄关中各式各样的物件成为这个空间中的特别"成员"。古色古香的泰风换鞋凳，北欧风情的细脚储物柜，印度风味的玩偶装饰等，不同地域、不同风格的物件混搭在一起，让人仿佛进了百宝箱

① 可以拉出来作为吧台

软装优化案例3：
小体量家具弥补户型问题，
不用吃土也能拥有舒适的家

设计公司 末那设计
设计师·靖睪
户型面积：70m²

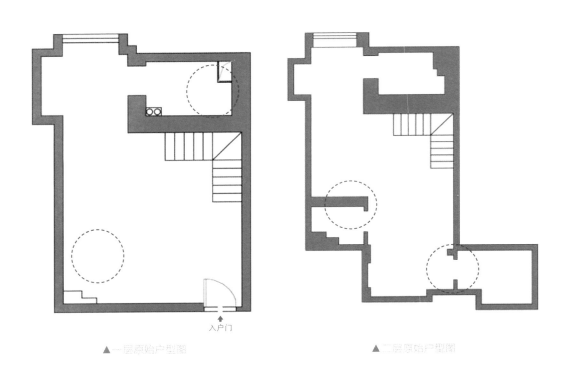

▲ 一层原始户型图　　　　　　　　▲ 二层原始户型图

入户门

**户型
问题**

1. 一层没有明确分区，且厨房烟道的位置比较尴尬。

2. 二层卫浴墙体过厚，占据使用面积；其他空间的隔断墙多余。

3. 虽然是 loft 格局，但空间面积并不大，原始空间中的家具笨重，给人沉闷感。

▲ 一层改后户型图

▲ 二层改后户型图

**改造
重点**

　　1. 一楼采用隔墙重新划分区域，令使用功能更齐全；厨房烟道处设计窄柜作为切配区，尽可能满足厨房的使用功能。

　　2. 重砌二层卫浴墙体，使得面积进一步扩大；拆除无用隔墙，释放空间做衣帽间。

　　3. 采用更适合空间的小体量家具和定制家具，让空间得以解压。

格局改造核心

After

Before

小巧低矮的家具为小客厅释放出更多行动空间

　　原始客厅中的家具虽然造型简洁，但体量都比较大，再加上墙面造型，让原本不大的空间显得更加局促。改造后的客厅家具全部选择了小巧低矮的款式，使空间看上去不那么拥挤，也使墙面的留白变多。同时或圆润或尖腿的款式，都让空间看上去更轻盈。

空间设计细节

▲玄关的设计充分体现了小屋清新可爱的风格，门后的花环、玄关柜上的装饰花卉为原本气氛生硬的玄关空间增加了鲜活的感觉；墙上手工制作的挂毯，也同样为空间增加了可爱的气息

▲楼梯占的空间并不少，除了可以将电视和电视柜摆放在楼梯下，还可以将楼梯下方的小空间做成储物的空间，摆放一些杂物，半隐蔽式的收纳方式，即使没有柜门也不会有混乱的视觉感受

▲清新的蓝白色与自然的木色相结合，是非常适合小空间的配色，塑造出的轻盈感，有放大空间的功效

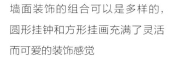

墙面装饰的组合可以是多样的，圆形挂钟和方形挂画充满了灵活而可爱的装饰感觉

用花架作为边几使用，绝对是客厅设计的亮点，挂上 LED 灯饰，立刻化身成"少女感"十足的可爱家具

组合式的小圆桌相比单独一个的摆放方式，更有灵活、随性的感觉

一层客厅和餐厅的空间较小，餐厅带有的内凹墙，
让不大空间的可利用面积变得更小，因此使用卡
座和墙面收纳柜的设计，节省餐厅空间，同时也
能掩盖内凹墙休，整体看上去更加美观

▲卧室需要温馨的感觉，所以软装整体都是偏北欧风的小清新样式，同时以简洁的吊灯衬托，以温暖的灯光为卧室增添舒适感

▲居室二层主要是比较私密的睡眠空间，由于空间有限，但又想拥有视听娱乐的功能，所以选择了投影仪和全自动幕布的组合，用最少的空间带来最震撼的影音效果。当幕布放下时，可以完全遮掩住楼梯位置，也充当了隔断的作用

▲阳台部分利用定制家具做出了一个私人空间，把书柜、书桌定制上墙，再以小窗装饰，节约空间的同时营造窗边读书的轻松氛围

▲ 衣帽间门与卫浴门之间的空白区域被充分利用起来，依墙摆放了一个梳妆台，上面橱柜是镜面柜门，相比于实木柜门，镜面柜门会减少沉重感，不会给原本不高的空间增加压和的感觉。下方内凹式的底柜设计，可以用来摆放座椅，不会让座椅成为行走时的空间障碍

▲ 厨房的左侧多了一堵白墙，在设计时为了弱化采光感，在右侧贴上鲜艳的黄色瓷砖，转移视觉重点，弱化空间缺陷

▲ 卫浴面积窄小且采光差，将墙面刷成能够增加明亮感的浅蓝色；圆形的卫浴镜则有扩大空间感的作用

▲ 任何角落都可以成为装饰的地方，在楼梯的上方小空间，用仿真植物与小物件装饰，增加生活小情趣

拯救出租房！

很多人都有过租房的体验——自己一个人在外打拼要租房、新房装修入住前要租房、老房子翻新时要租房……网上最流行的鸡汤"房子是租来的，但生活不是"，这句话成为很多租房人的心声。只要是自己住的地方，管他是租来的，还是买来的，都是自己的家，你以何种情感对待家，家就会以何种温度回馈你。

/ 攻破出租房改造的"拦路虎" /

1. 墙、地面翻新的简易方法，不拆改也能住"新房"

房东满口许诺的精装房，实际上早已"过气"。白墙已经是黄墙，壁纸也充满了年代感；地面光秃油腻，瓷砖缝发黑，还有上一任租客留下的不明液体痕迹……"拆墙、挖地"已注定是不可能的。那就学习起简单的改造方法，让不顺心的"精装房"变成可心的过渡房。

功能强大的"翻新"贴纸：厨房、浴室的壁面瓷砖老旧、变黄，如果拆除重新铺贴，费时、费力不说，对于出租屋来说也有些不现实。跟房东沟通后，不妨选择翻新贴纸进行改造，方便又省钱。同时，翻新贴纸也可以对旧家具进行改造。

简单易行的瓷砖改色漆：瓷砖改色漆无须底漆，单遍涂刷即可覆盖原有瓷砖色彩，且具有防水、防潮的优点，能有效防止瓷砖表面的磨损，可以令原本脏污的墙面焕然一新。

地毯覆盖局部脏污地面：若屋内局部地面存在脏污，且位于主要家具附近，可以利用地毯进行覆盖，既可解决脏污问题，又能美化环境。

2. 学会用布艺"覆盖"大法，旧家具也能变美

好不容易找到地段、价格都满意的出租房，房东还信誓旦旦地说可以拎包入住。但当你踏入房门的时候，看到的却是满眼破家具，房东还明确说明"不许扔"。与其心情低落，不如学习一些让旧家具变美的好方法。

一块布"遮"百丑：一些框架完好，只是色彩和款式不喜欢的家具，完全可以通过覆盖布的方法来满足自己的审美需求。若是沙发存在破旧现象，可以用沙发巾进行覆盖；而对于老旧的床头，则可以购买床头罩巾。

3. 小巧、灵活的单品，解决租房收纳难题

出租房中一般很少有大件的收纳家具，若自己购买，不好摆也不好带走。难道出租房的收纳就无计可施了吗？答案：当然不是。下面就将出租房的收纳技法学起来。

"网红"收纳神器洞洞板：目前家居中非常流行的收纳神器，可以悬挂工具，也可以结合搁板放置瓶瓶罐罐，充分利用了纵向空间，而且装饰性颜值也很高。

材质多样化的收纳箱：收纳箱除了收纳作用外，也有装饰作用，不管是古色古香的实木收纳箱，还是温馨的布艺收纳箱，都可以给房子带来不一样的装饰效果。

方便的可拆卸衣柜：可调节隔板和挂衣杆，方便根据空间大小和个人需求调整衣柜大小。可以采用开放式和封闭式相结合的储物方式——搁架上摆放喜欢的物品，抽屉里则存放需要收起来的物品，同时还方便拆卸、携带。

4. 动手 DIY，租的房子也有专属气息

就算是租房，也应该让空间中保有专属的个人气息。在无法改变空间硬装的情况下，可以通过购买或自己动手 DIY 小装饰来实现：将原本的旧窗帘换成喜欢的款式，再为沙发添置几个自己缝制的抱枕，将杂志中喜欢的插页作为装饰画……只要用心，平常的小物也可以成为最动人的装饰品。

Chapter 3

秘诀：以不变
应万变的
家居"驻颜"
妙招

在追求越简单越时尚的当下，
繁复的设计不仅造价高，
而且非常容易过时。
纵观令人心动的设计方案
那些"常青树"案例，
往往并没有过分招摇的装饰，
却在实用、贴心上下足功夫。
想要拥有持续美丽的家居样貌，
诀窍就是简单。
要以不变应万变的思维，
让家居空间在漫长的时光中
沉淀出自己的专属味道。

不过度装修，基础装修满足生活需求

在装修时，如果一味追求"颜值"，总以为把漂亮的家具、建材搬回家就能获得好的家居效果，事实上往往达不到 1+1 > 2 的效果。无头脑的过度装修甚至会令装修效果大打折扣，如产生视觉污染，或占用室内面积、层高，这样的过度装修真是得不偿失。

1. 过度装修的特征

盲目跟风设计：有些业主的装修预算有限，无法请室内设计师来进行专业的装修设计，于是在网络上搜一些装修图自己模仿着设计，或者大量参考已经装修过的朋友、亲戚的意见。但是，在生搬硬套的同时，大部分业主却没有意识到适用性这一问题。例如，自家的房子层高只有 2.7 米，看别人家做了繁复的吊顶很好看，于是自己家也要做，这样的后果就是令房子的纵向空间减少很多，很容易给人一种压抑感。

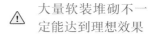 大量软装堆砌不一
定能达到理想效果

大量软装堆积： 在家居空间中，软装会占到整个空间的 70%。以卧室为例，除了双人床、大衣柜外，有些家庭还会再摆上电视柜、梳妆台等家具。除了基本家具以外，墙面会采用软包或壁纸，地面还会铺设上地毯。这样一来，从墙面到地面，被软装掩盖了太多，简直没有让人呼吸的空间。尤其是在中小户型的一居室或两居室中，还采用这样的装饰手法，一定会造成空间压抑。

迷信环保材料： 很多业主认为，只要花大价钱购买高档的材料，室内空气环境就一定是安全的。然而，高档材料并不一定都是环保的；或者说，可能某一个高档材料是符合环保标准的，但是多件家具入场之后，就会产生叠加污染，于是就增加了环境污染的系数。

⚠ 过度运用环保材料也会造成污染

2. 提前明确需求，避免过度装修

不过度装修并不是说什么都要以最简单的方式进行，避免过度装修的前提，是要先满足自己与家人的喜好与需求，然后在此基础上减少不必要的装修，因此我们可以学着自己制作装修需求表，它可以帮助我们清楚了解对于自己和家人而言的装修重点，从而避免过度装修，同时也能保证家庭成员们的需求得到满足，这样住起来才能省钱又舒心。

◎ 本次装修的是新房还是旧房
　□新房　　　　　　□旧房
◎ 家庭成员组成
　□单身　　　　　□新婚　　　　　□三口之家　　　□四口之家　　　□三世同堂
◎ 家居风格
　□现代风格　　　□简约风格　　　□混搭风格　　　□中式风格　　　□北欧风格
　□地中海风格　　□欧式风格　　　□田园风格　　　□美式风格　　　□工业风格
　□东南亚风格
◎ 您和家人平时的爱好
　□阅读　　　　　□打牌　　　　　□泡茶　　　　　□上网　　　　　□游戏
　□看电影　　　　□聚会　　　　　□其他
◎ 您对功能的要求
　□收纳为主　　　□空间设计感为主
◎ 您家里家具的使用情况
　□全新　　　　　□沿用部分旧家具　□沿用全部旧家具
◎ 您最重视的空间
　□玄关　　　　　□客厅　　　　　□餐厅　　　　　□卧室　　　　　□厨房
　□卫浴间　　　　□书房　　　　　□儿童房　　　　□其他
◎ 您对玄关的需求
　墙面：□涂料　　□壁纸　　　　　□玻璃　　　　　□板材　　　　　□其他
　地面：□复合地板　□实木地板　　　□瓷砖　　　　　□石材　　　　　□其他
　家具：□鞋柜　　□穿衣镜　　　　□展示柜　　　　□衣架　　　　　□其他
◎ 您对客厅的需求
　墙面：□涂料　　□壁纸　　　　　□玻璃　　　　　□板材　　　　　□其他
　地面：□复合地板　□实木地板　　　□瓷砖　　　　　□石材　　　　　□其他
　家具：□电视柜　□沙发　　　　　□茶几　　　　　□边几　　　　　□其他

◎ 您对餐厅的需求

墙面：□涂料	□壁纸	□玻璃	□板材	□其他
地面：□复合地板	□实木地板	□瓷砖	□石材	□其他
家具：□餐桌	□餐椅	□餐边柜	□吧台	□其他

◎ 您对主卧的需求

墙面：□涂料	□壁纸	□玻璃	□板材	□其他
地面：□复合地板	□实木地板	□瓷砖	□石材	□其他
家具：□床	□衣柜	□床头柜	□沙发	□梳妆台
□电视柜	□收纳柜	□衣帽间	□休闲椅	□其他

◎ 您对次卧的需求

墙面：□涂料	□壁纸	□玻璃	□板材	□其他
地面：□复合地板	□实木地板	□瓷砖	□石材	□其他
家具：□床	□衣柜	□床头柜	□电视柜	□休闲座椅
□书桌	□其他			

◎ 您对客卧的需求

墙面：□ 涂料	□壁纸	□玻璃	□板材	□其他
地面：□复合地板	□实木地板	□瓷砖	□石材	□其他
家具：□床	□衣柜	□床头柜	□沙发	□梳妆台
□电视柜	□收纳柜	□书桌	□茶几	□其他

◎ 您对儿童房的需求

墙面：□涂料	□壁纸	□玻璃	□板材	□其他
地面：□复合地板	□实木地板	□瓷砖	□石材	□其他
家具：□床	□衣柜	□床头柜	□沙发	□书桌椅
□收纳柜	□衣帽间	□书柜	□其他	

◎ 您对厨房的需求

墙面：□瓷砖	□涂料	□壁纸	□其他	
地面：□复合地板	□实木地板	□瓷砖	□石材	□其他
家具：□橱柜	□吧台	□其他		
形式：□开放式	□半开放式	□封闭式	□其他	

◎ 您对卫浴间的需求

墙面：□瓷砖	□涂料	□壁纸	□玻璃	□板材
□其他				
地面：□复合地板	□实木地板	□瓷砖	□石材	□其他
家具：□洗手台	□浴缸	□坐便器	□橱柜	□收纳柜
□穿衣镜	□其他			

开放式格局，实现空间利用最大化

随着时代的发展，如今的户型中常常会出现大面积的开放式格局，这和传统户型中将客厅、餐厅、卧室等空间进行硬性区分不同，开放式格局可以更好地满足家庭成员之间的互动，空间形态也变得更加通透。因此，若原本户型中拥有大面积的开放式空间，合理进行利用很重要；而若为传统的隔墙式分隔空间，则要想办法创造出开放式格局。

1. 开放式格局的优点：视觉没有阻碍的宽敞感

少了隔墙，整体空间通透，视觉上显大，因为没有了隔墙阻断，所以不论在哪个功能区都可以与家人交流，增加互动，有利于家庭关系的和睦。同时，开放式的格局可以利用上更多的空间，把原本是隔墙的地方用作收纳或摆放家具等实际用途，也能完成对空间的最大化利用。

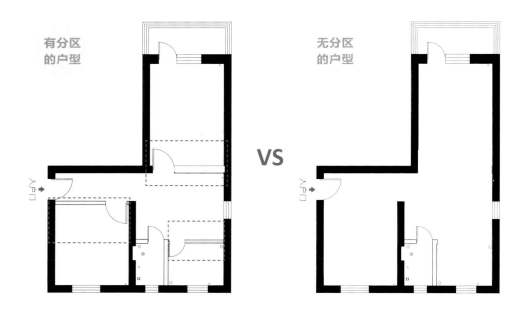

▲ 相较于典型的各功能空间有明确的分区，开放式格局在视觉上拥有更好的宽敞感，各功能的分区也可以灵活进行，同时避免了因过多隔墙而产生的狭长过道

2. 创造开放式格局，令空间利用率达到最大化

╱ 情况一：房子户型一开始就是开放式格局 ╱

如果房子一开始就是开放式格局，并且户型并不大，则没有必要再重新砌筑分隔墙体硬性划分出功能空间。而是要擅用大块面的空间，做好功能空间的互融。

代表案例 1

结合户型图和实景案例图，我们可以推断出原始户型中拥有一处大面积的开放式空间。在设计时规划出了客厅、餐厅、厨房、玄关这些功能空间。通过半隔断墙体来分隔各个功能空间，既形成了明确的分区，又隔而不断，充满趣味，整个空间的通透性也足够。

代表案例 2

如今比较常见的一种户型形态，即客厅和餐厅共处一个空间内，也被称为"开放式客餐厅"。由于客厅和餐厅之间没有墙体、隔断的阻碍，视线上形成通畅、完整的统一体。同时，餐厅也被赋予了会客功能，亲朋好友到访时，可以选择在沙发上看电视娱乐，也可以聚在餐厅喝茶，不会有冷落感，反而更加热闹、随意。

━━━━━━━━━━━ **代表案例 3** ━━━━━━━━━━━

和开放式客餐厅一样，开放式厨餐厅也同样常见。这样的设计更加符合动线需求，在厨房烹饪完毕之后，可以直接将食物上桌，免去了来回端菜的麻烦，餐毕收拾起来也比较方便。但这样的设计一定要选择吸力强大的油烟机，或者是制作中式菜肴较少的家庭。另外，在这个户型中，餐厨和餐厅之间也为开放式，在有小孩子的家庭中，主妇还能够在做饭同时实时观察孩子的活动。

━━━━━━━━━━━ **代表案例 4** ━━━━━━━━━━━

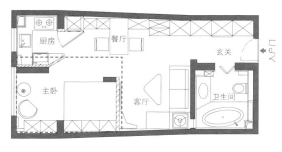

开放式卧室一般常出现在小户型空间中，可以打破小空间带来的压抑感。若对隐私性要求较高，则要做好隔断，例如，可以通过布艺拉帘、半隔断墙等来规避。另外，卧室的色彩、图案以及家具，应和其他空间有所呼应。

/ 情况二：传统的带分隔墙的户型 /

如果原始户型中带有的隔墙较多，则可以通过拆除隔断墙的形式来创造出开放式格局。表面上看拆除墙体要花费一部分资金，但却可以通过这一手段来改善很多空间问题，例如可以改善原本采光的不足，或者将原本不合理的格局进行调整，可谓是一举多得。

--- 代表案例 1 ---

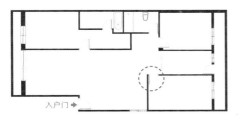

Before

两面隔墙围合成的空间面积有限，并且给相邻空间造成了压迫感，使整体空间显得不够敞亮。

After

拆除原有空间的两面隔墙，不仅形成了一个开放式厨餐厅；同时，令现有客厅的面积变大，形成了更为规整、实用的空间格局。

▲ 改造后的空间形态

代表案例 2

Before

原户型中客厅与阳台之间有一处轻体墙分隔出的小空间，令阳光贯穿整个空间有了阻隔，并且使空间格局显得零碎，不规整。

After

将原有隔墙拆除，形成一处大面积的规整空间，使客厅和餐厅都有了合理的安置处，也令阳光可以更好地满溢全室。

▲ 改造后的空间形态

代表案例 3

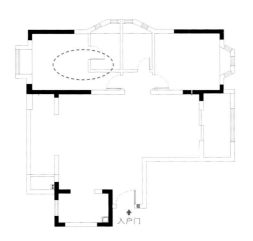

Before

原有户型的主卧空间不大，入口处的狭长地带造成了空间浪费。

After

改造后的主卧，将卫浴的一侧隔墙拆除形成开放式格局，增加了空间的使用面积。

▲ 改造后的空间形态

177

/ 专题 /

隔而不断，开放与隐私兼顾的分区手法

布艺门帘隔断

拉开时空间宽敞感依旧，丝毫没有拥挤的压抑感；拉起时卧室成独立空间，保护隐私效果好。

玻璃隔断

视觉上不会有不宽敞的感觉，同时又能划分两个空间，通透的玻璃材质，让卧室采光更好，不影响私密性的同时又有光线进入。

置物家具

置物类的家具由于体积庞大，置物格之间也有留白空间，所以很适合作为卧室隔断使用，是集收纳与隔断功能于一身的神器。

直线条屏风隔断

屏风是最常见的隔断，局部放一扇隔断，不会有如隔墙一样的厚实感觉，但又有分隔的效果。

长远规划，家居空间总能满足家庭成员需求

单身阶段

伴随着升学或就业而离开父母，或单独居住或与朋友合住。

新婚阶段

从男女双方结合、组成家庭到第一个孩子出生

育儿阶段

孩子出生，对居住空间和居住环境的要求增加，属于住宅调整期

空巢阶段

进入晚年，或与子女同居，或纳入老年人专用设施，或需要预留儿女暂居住处

　　一生中，我们会经历很多不同的时段，当我们呱呱坠地，在父母的陪伴下长大，到成年独立生活，再到遇见相爱的另一半重新组建家庭，抚养新的生命。在这个过程中，房子是我们实现这些历程不可缺少的条件，但由于现实因素的影响，我们很难做到拥有多套房子来满足不同阶段的住房需求，所以对于目前拥有的房子要有长远性规划，以此来应对生活的变化。

　　不同阶段居住需求：在家庭不同生活阶段，对居住功能空间的基本需求是逐渐变化的，对功能空间数量的需求也是不同的。

家庭生活阶段	居住功能空间类型			
	一室一厅	二室一厅	三室一厅	四室一厅
单身	●	●		
夫妇	●	●		
夫妇 + 1 个孩子（年龄 <6 岁）	●	●		
夫妇 + 1 个孩子（年龄 6 ~ 12 岁）		●	●	
夫妇 + 1 个孩子（年龄 >15 岁）		●	●	
夫妇 + 2 个孩子（性别相同，年龄 <15 岁）		●	●	
夫妇 + 2 个孩子（性别相同，年龄 >15 岁）			●	●
夫妇 + 2 个孩子（性别不同，年龄 <12 岁）		●	●	
夫妇 + 2 个孩子（性别不同，年龄 >12 岁）			●	●
老年夫妇 + 夫妇		●	●	
老年夫妇	●	●		

不同家庭行为分类：空间是否能够容纳多个生命阶段的需求，还应对家庭的生活行为进行研究分类，同时应该根据居住的需求情况，将各空间所需功能归类组合以满足必要的使用要求。

生活行为		功能空间类型								
行为分类	行为内容	玄关	客厅	餐厅	卧室	书房	厨房	卫浴	衣帽间	储藏室
个人生活	就寝				●					
	学习				●	●				
	娱乐		●							
	休息		●		●					
共同生活	就餐		●	●			●			
	团聚		●	●						
	会客		●	●						
家务劳动	洗涤						●	●		
	整理	●	●	●	●	●	●	●	●	●
	打扫	●	●	●	●	●	●			
	烹饪						●			
生理活动	沐浴							●		
	洗面							●		
	便溺							●		
	更衣				●				●	

结论：从长远规划来看，房屋空间的设计应注重细分家庭生命周期不同阶段的居住需求，将功能空间细化，以满足居住需求，而不是一味地提高面积来应对居住需求的变化。

1. 二人世界→儿女成群的转变

　　二人世界与有孩子的家庭，最大的区别在于如何在原本属于两个人的空间，加入孩子的空间，这不仅仅是要腾出单独的一间卧室这么简单，还包括客厅要有孩子的娱乐区，卫浴要有适合孩子的洗漱区等，这些都可以在装修布置时提前规划起来。

0~1岁　需要有宽敞、不怕磕碰，可以让孩子和家人同时使用的空间

双人沙发

　　在装修婚房时，若有近期要宝宝的计划，可以事先在空间的细节处，预留出宝宝的使用空间。例如，在沙发旁预留一个放置可移动小推车的空间，收纳一些宝宝日常要用的尿布、玩具、绘本、口水巾等物品，方便随时取放。而原本的双人沙发，可以满足大人抱着小宝宝坐，因此不需要再更换更大的沙发。

可移动小推车

2~3 岁 需要足够宽敞的走路、玩耍，同时可以方便看护的空间

组合茶几

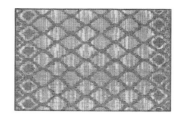

地毯 / 地垫

　　2~3 岁的孩子到了好动的时期，因此要考虑在家居空间中为他们预留出一个宽敞的活动空间。一般来说客厅的面积较大，可以加以利用。但在购买家具之初，就应避免添置大体积的实木茶几，而是选择轻便的组合茶几，方便轻松移动，把沙发前的空间空出来，再铺上地毯，孩子可以在沙发前的空间自己玩玩具，或者家长和孩子一起靠着沙发读绘本等，地毯则可以保护小宝宝不受凉或者受伤。

4~6 岁　需要相对独立，又不脱离大人视线的空间

蒲团

低矮茶几

　　客厅的阳台可以是孩子玩耍的最佳区域，因为与客厅相连但又是一个独立的空间，幼儿园阶段的孩子带小伙伴回家玩的时候，可以在这里一起画画、拼乐高、做手工游戏，而大人则可以在旁边的客厅里看着孩子的同时干自己的事情，这样也给孩子提供了一个相对独立的空间。

2. 儿女成群→长大离家的转变

孩子总会有长大的时候，当孩子渐渐独立起来，或组建起自己的家庭时，房子的需求就又发生了改变。原来不够的房间，现在可能会多出来闲置；人员减少后，客厅也不需要那么多的空间，对多余空间进行重新改造，倒不如从一开始就赋予其多功能的用途。

适用方案

榻榻米的多重功能可以满足不同人生阶段需求

榻榻米集合休憩、收纳和会客多重功能为一体，可以满足一个家庭不同生命阶段的需求，有孩子时可以成为孩子的卧房，当孩子长大后，可以变成书房或是休闲室，即使家人或朋友偶尔小住几日，也有地方。因此条件允许的家庭，最好在装修之初，就把榻榻米设计考虑进来。

3. 空巢阶段的转变

空巢阶段意味着步入老年,很多原本不是问题的房子设计就会变成问题,比如原本的瓷砖地会比较湿滑,容易滑倒;储物柜太高,上层的空间不踩凳子够不到,若踩了凳子又很危险。因此若是在中年换房,可以提前考虑未来可能遇到的问题,提前规避。

适用
方案

实木地板踏实的脚感可防摔跤

相比光滑的瓷砖地,实木地板拥有更舒适的脚感,落上水也不会让腿脚不便的老人滑倒。

柔和的浅色调舒缓老人心理压力

柔和的浅色调,例如棕色、木色、黄色等色彩可以给老人一种轻松愉快的联想,并将老人带入一种轻松自然的空间之中。

无脚家具省去弯腰打扫的酸痛袭击

年纪渐长后,长时间的弯腰打扫卫生也是一种折磨,特别是沙发座底下,间隙又小,又看不清楚。如果一开始就选用无脚家具,即便年龄大了,打扫起来也不会很费劲。

能坐的卫浴间不再是老人"杀手"

卫浴间因为用水频繁，地面、墙面比较湿滑，对于行动不灵活的老人来说比较危险。如果预先可以在卫浴间设立可以坐的地柜，那么既能收纳卫浴用品，也可以在洗澡之后坐着擦干、穿衣服，非常方便。

减少走动不浪费精力

老人的精力不比年轻人，常常会有体力跟不上的情况发生，所以在布置房子时，可以在厨房设计一个可以用餐的小桌台，当家中只有两个老人用餐时，可以直接在厨房吃饭，这样上菜收拾都不用在厨房和餐厅间进进出出。

通过分析人生不同阶段的需求转换，可以找出一些可以长远适应家庭成员结构变动的空间规划：
① 空间主体色彩宜柔和、舒缓，基本可以适应任何年龄段的需求，想要色彩变化可以通过软装入手。
② 空间墙面最好不要做过多的造型设计，乳胶漆涂刷的白墙造价低，同时能够适应不同的变化需求。
③ 选择地面材质、家具时，可以考虑未来 10 年内的需求，眼光放得长远，才能有效省钱。
④ 可选择一处空间定制榻榻米，功能性强大，几乎可以满足各个年龄段的需求。

少做异形，避免过时快、格调低、修缮难

　　家庭中的异形设计，主要是指利用比较复杂的造型，以及多样化的材料叠加，来完成对于空间美感的追求。但这种装饰手法比较适合别墅等大空间，对于一般的中小户型来说，"异形设计"在一定程度上往往对应着"过度装修"。因为在小空间中，运用过于繁复的设计手法，很容易造成空间上的拥挤、压抑感，从而给人带来一种无形的压力。

❶ 异形墙面

❶ 异形顶面

异形设计视觉冲击力强，但是往往都 **很贵**，而且 **难打理**，比较适合大空间。

1. 找出装修中常出现的异形设计，规避掉！

　　异形顶面： 一些欧式古典风格、法式风格，以及中式古典风格中，常常会出现藻井式吊顶、跌级式吊顶等，造型比较复杂，施工难度较大，同时对层高要求也比较高，应尽量避免盲目尝试。

算 一 算	□《住宅设计规范》中规定普通住宅层高宜为 2.8 米，室内净高不应低于 2.4 米 □ 地面找平、铺瓷砖地板的高度在 5~7 厘米 □ 如果再加上造型复杂厚度在 20~35 厘米的异形吊顶 □ 这样算下来，室内的高度就有可能达不到 2.4 米的标准

加入本书 /户型改造交流群/
掌握户型改造攻略 打造理想户型/

家居风格测试/装修预算/改造实景图
入群指南详见本书第194页

　　实际上，在追求"越简单越时尚"的当下，最简洁的平顶设计反而是最容易产生效果的装修手法，既不影响层高，花费的预算又很少。如果觉得单调，选择一款造型感较强的灯具搭配即可；或者在吊顶四周稍微做一些简单的造型也可。

　　异形墙面： 在进行家庭装修时，为了让空间有个能突出的亮点，有些业主会在背景墙上下功夫。例如，带有弧度的立体墙面造型，多种材料结合的造型墙面等。这些突破了传统平面造型的设计，乍一眼看上去很有冲击力，但从实际生活而言，异形墙面很容易随着时间的流逝，变得脱离潮流，翻新、改造起来造价也比较高。

解决方案

平价替代！不想花太多钱，但是又想让墙面有不一样的感觉

1. 彩漆 + 装饰画

　　彩色油漆让墙面一下子跳脱出来，再以独特的装饰画点缀，墙面也能有独特的装饰效果。

　　涂料费用：110~260元 / 桶

　　装饰画费用：100~500元 / 套

2. 壁纸 + 墙饰

　　壁纸的花纹、图案多样，可以随心选择，选择一面墙重点铺贴，立刻就能有独特的氛围感；再以立体墙饰装饰，会有出乎意料的效果。

　　壁纸费用：50~350元 / m²

　　墙饰费用：400~1200元 / 组

2. 想要凸显风格又不做异形设计的方法，大放送！

如果原本就喜欢简洁的家居风格，如简约风格、现代风格、北欧风格，出于风格本身的设计理念，从设计之初就可以降低异形设计的产生。但如果喜欢欧式、中式、美式等风格，则可以用"替代"的思路来完成风格呈现。

喜欢中式风格的业主可以这样做：

传统的中式风格看起来大气、庄重，但往往设计烦琐，装饰元素众多，还会运用到实木、青砖等，将其设计或雕刻成中式造型。因此，仅在硬装造价上大致花费就在25万~30万元。对于一般的家庭来说"压力山大"。

想要拥有高雅的中式韵味，又不想花费太多的资金，可以考虑用新中式风格进行"替代"。不做夸张的顶面设计，没有异形造型的墙面布置，仅运用一些软装元素搭配，来完成整个家居氛围的中式韵味营造，同时还具有现代感，不容易过时。

❶ 异形镂空顶面设计

❷ 异形墙面雕花设计

❶ 平顶造型造价低，后期更换容易

❷ 仅以主题元素强烈的装饰画进行装饰

喜欢美式风格的业主可以这样做：

稳重、大气，具有自然韵味，是追求美式乡村风格的业主比较看重的点，多采用做旧的实木梁柱搭配实木纹理墙裙，预算中在木作方面的投入比较多，也常见天然石材裁切拼接的背景墙。不算软装，硬装的预算一般在 18 万 ~25 万之间。

想拥有美式乡村风格的自由感，又不想把时间放在日常保养、整理上，可以考虑现代美式风格。以造型别致的灯具代替复杂的异形顶面，同时弱化花费较大的复杂的异形墙面设计，仅以简单的色彩与石膏线作装饰，既可以保持风格特色，后期保养、清洁也不会太麻烦。

❶ 带有木梁的顶面设计

❷ 木纹板与壁炉结合的背景墙设计

❶ 简洁的顶面造型和金属吊灯相结合

❷ 色彩 + 石膏线条的墙面设计，搭配装饰画就很好看

喜欢欧式风格的业主可以这样做：

古典的欧式风格设计华丽、造型精美，常给人豪气冲天的感觉，无论是吊顶，还是墙面造型都会采用复杂的叠级造型。硬装的装修造价一般在 28 万 ~35 万元。

想拥有欧式风格的品质感，又觉得修缮困难的业主，可以考虑用简欧风格进行替代。实际上，欧式风格不是非要通过繁复的异形设计才能展现，简单的墙面、顶面设计，搭配上适宜的家具、灯饰，同样也能使家居氛围变得高雅、精致起来。

❶ 造型烦琐、材质多样的顶面设计

❷ 多种材质相结合的墙面设计

❶ 简洁的石膏线顶面设计

❷ 墙纸 + 装饰画的墙面设计同样很吸睛

建议读者配合二维码一起使用本书

掌握户型改造攻略
轻松打造理想的家

这是一本配有
户型改造交流群的房屋变身指南

/线上资源亮点/

家居风格测试，轻松了解适合的风格
户型改造实景图，巧用方法完善户型
装修预算清单，快速掌握省钱秘籍

/扫码入群 获取房屋改造资源/

1、微信扫描本页二维码
2、点击加入本书交流群
3、根据提示在群内回复关键词获取资源，与其他读者交流改造心得

/微信扫描二维码　加入本书交流群/
家居风格测试/装修预算清单/改造实景图
为您提供户型改造的实用攻略